なぜか惹かれる
ふしぎな数学

I WONDER WHY MYSTERIOUS MATH ATTRACTS US

蟹江幸博

実務教育出版

はじめに

　微分・積分のような問題を解くのは苦手だけれど、ホントは数学が好き……。そんな〝隠れ数学ファン〟は実はたくさんいる。「小学校の頃は、算数はけっこう好きだった」「中学の幾何で、補助線を１本見つけるだけで解けるのは快感だね」という人たちだ。本書は、そんな隠れ数学ファンのために数学を愉しむ本として書いてみた。たとえば、千円がどこかに消えたとしか思えない話、当たる確率が途中で変わる（？）ふしぎなクイズショー、円周率を自分で導き出す方法、クモがハエをつかまえるために絞った知恵など、１つひとつが興味深い。

　中には聞いたことのある話もあるだろうが、そこにもいろいろと趣向をこらしてある。たとえば数学好きの人は、「ディオファントス？　墓碑銘の話だね。方程式を使って解けばいい」と反射的に答えるかもしれない。けれども、当時は現在のような方程式を使って解くという発想はなかった。そもそも代数の父とまでいわれるディオファントスの名が冠されているだけに、当時としては最高の難題だったに違いない。これを当時の人と同じ土俵に立って解くとしたらどうなるのか？

　同様に、ガウスの「１～１００までの足し算」も有名だが、実は数列で解くだけならそれ以前にも知られていた。ガウスがこの問題とともに神格化されているのには、実はもっと深い意味が隠されていたのだ。このように「その話、知ってるよ」では終わらない、もう一歩考えを進めた話を散りばめてみた。

また、アリババが命からがら洞窟から抜け出す時の必死の知恵、カルタゴ建設神話で「牛1頭分の皮だけの土地をあげる」といわれて半島を奪い取ってしまった話などは、数学ファンといえどもはじめて接する人が多いのではないだろうか。

本書を読み進める際には、「あれ？　ふしぎだなぁ」「どう考えるんだ？　困ったぞ」という時に必要となる、**ひらめき力・推理力・論理力・視点の転換法**などを総動員することになるだろう。それこそ、微分・積分の問題を解くよりもずっと大事な数学的発想、数学センスになる。ぜひ、愉しんで読んでもらいたい。

2014年1月

蟹江　幸博

Contents

なぜか惹かれるふしぎな数学

PART 3
「数の後ろに隠された法則」を発見せよ！

PART 4
幾何力が数学力を高める！

PART 5 覆面算・虫食い算・小町算でアタマをひねる

PART 6 論理パズルで状況を見抜く！

装丁●井上新八
カバー写真●©Matt Bird/Corbis/amanaimages
本文デザイン・DTP●新田由起子（ムーブ）
編集協力●畑中隆（編集工房シラクサ）

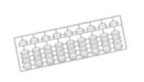

PART 1

推理する力で「解」が見えてくる？

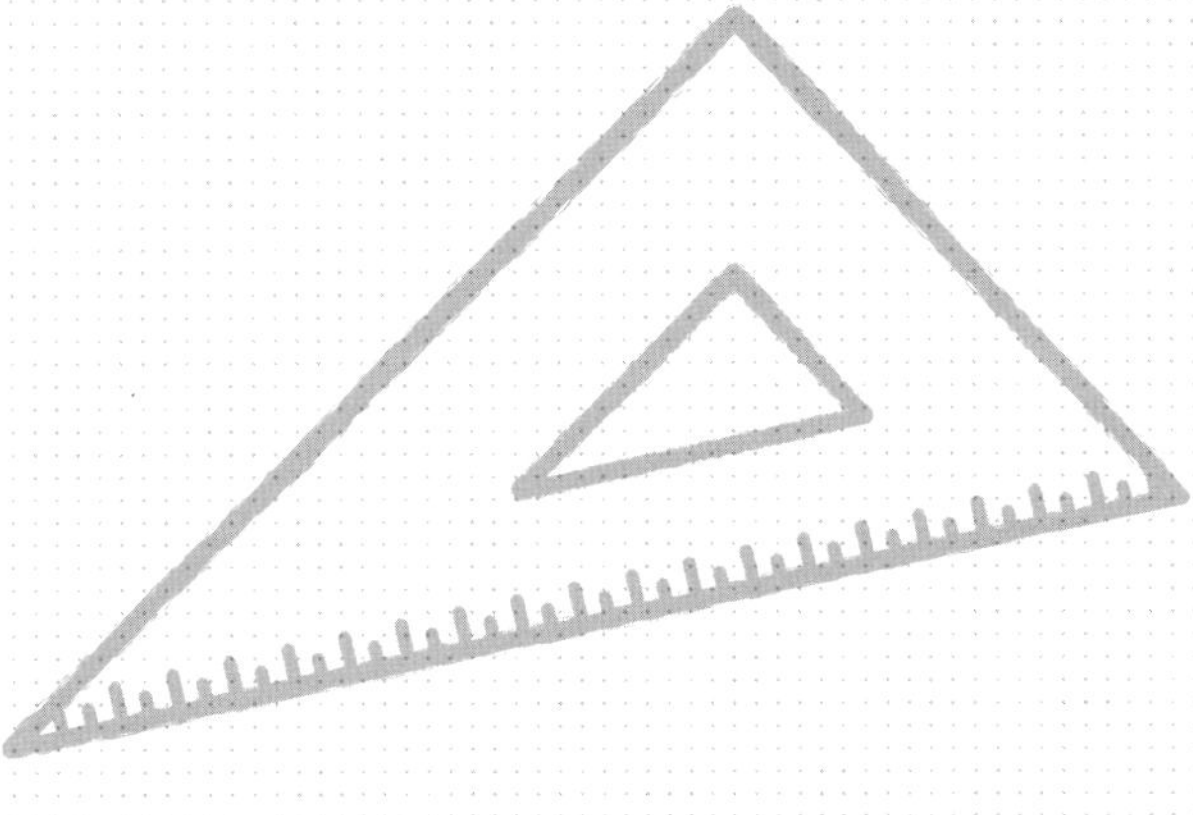

01 消えた「１０００円」の怪？

ちょっとしたふしぎな話がある。簡単な計算のはずなのに、どうにも合わない……。考えれば考えるほど、わからないというものだ。

◆簡単な計算のはずなのに……

３人の男が１泊５０００円の宿に泊まった。宿が混んでいて、相部屋にさせられた。その代わり、翌朝チェックアウトする時に、３人で５０００円を割り引いてくれるという。３人で５０００円を分けることはできないので、各自１０００円ずつもらって、残りの２０００円は世話になった仲居さんにチップとしてあげることになった。

後で１人が「どこか、おかしくないか？」といい出した。それぞれ１０００円ずつ返してもらったので、本来なら４０００円で泊まったことになり、３人分の支払いは１万２０００円のはずだ。それに仲居さんにあげたチップ２０００円を足せば、計１万４０００円

どこかに「1000円」が消えた……ミステリー！

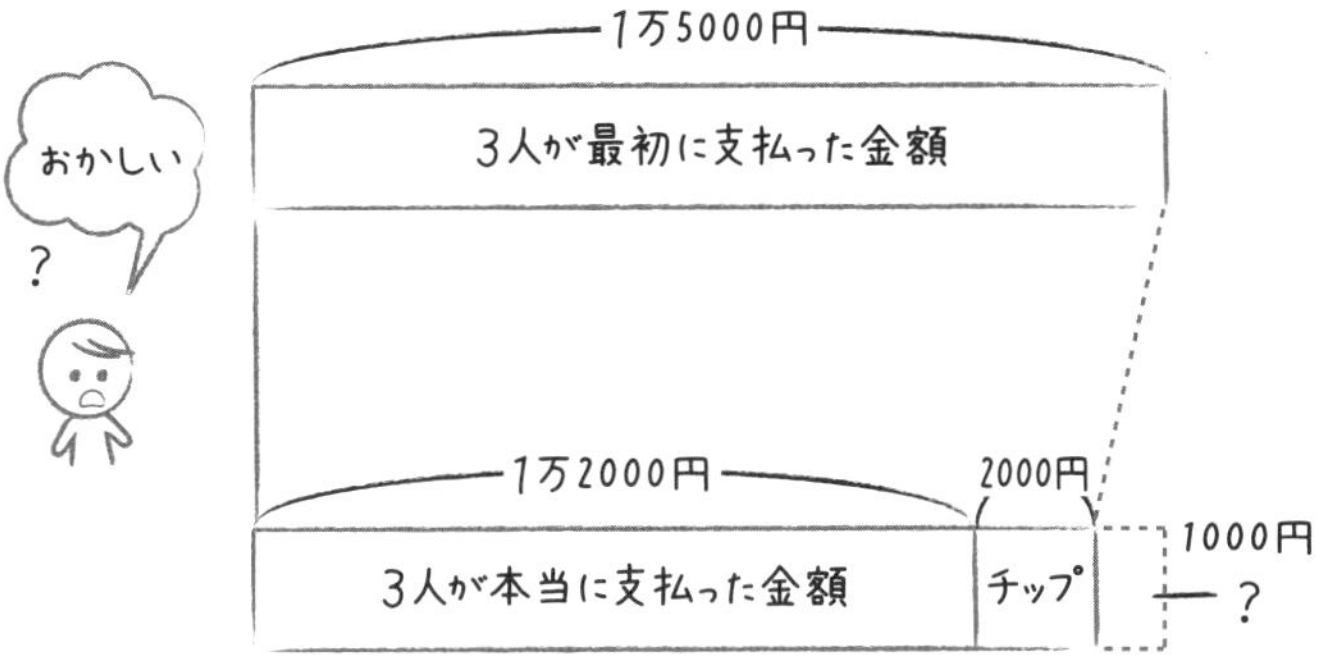

になる。

最初に各自５０００円ずつ、計１万５０００円を支払っている。１０００円がどこかに消えたことにならないか。でも、どこに消えたというのだ？

この種の話は各国でさまざまなパターンで流《る》布《ふ》している。アメリカでは中西部の町のホテルの話になっていたりする。

どこがおかしいのか？

誰も何もしていないのに、確かに１０００円が消えてしまった……。上図のように、最初に支払ったのは３人とも確かに５０００円ずつで、総計１万５０００円だ。みんな１０００円ずつ戻ってきている。この時点で払ったのは１万２０００円。仲居さんには２０００円だから、トータルで１万４０００円に

ちゃんと金額は合っていた！

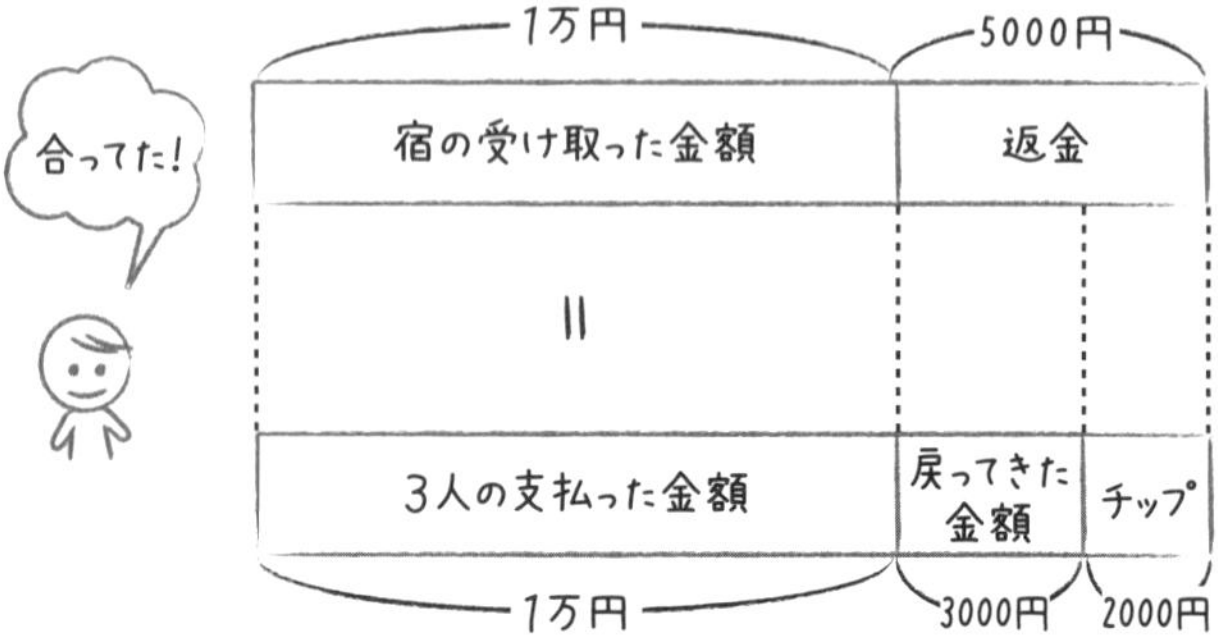

しかならない。やはり、どこかおかしい。

さて、どこがおかしいか、ピンときただろうか。アタマの中だけで考えていると間違えるので、紙に書いて実際のお金の流れを考えることにしよう。

「1万5000円」——お客が最初に宿に支払った金額である。

「1万円」——宿が客から受け取った金額である。最初は1万5000円をもらったが、5000円を返却しているので、最終的な宿の収入は1万円となる。

「2000円」——宿から返金された5000円の中から仲居さんに支払ったチップの金額である。

だから、1万2000円に2000円を足すのではなく、本当は5000円から2000円を引かないといけない。1万2000円からチップ2000円を引いた「1万円」こそ、宿の受け取った金額で

バランスシート感覚で見ると

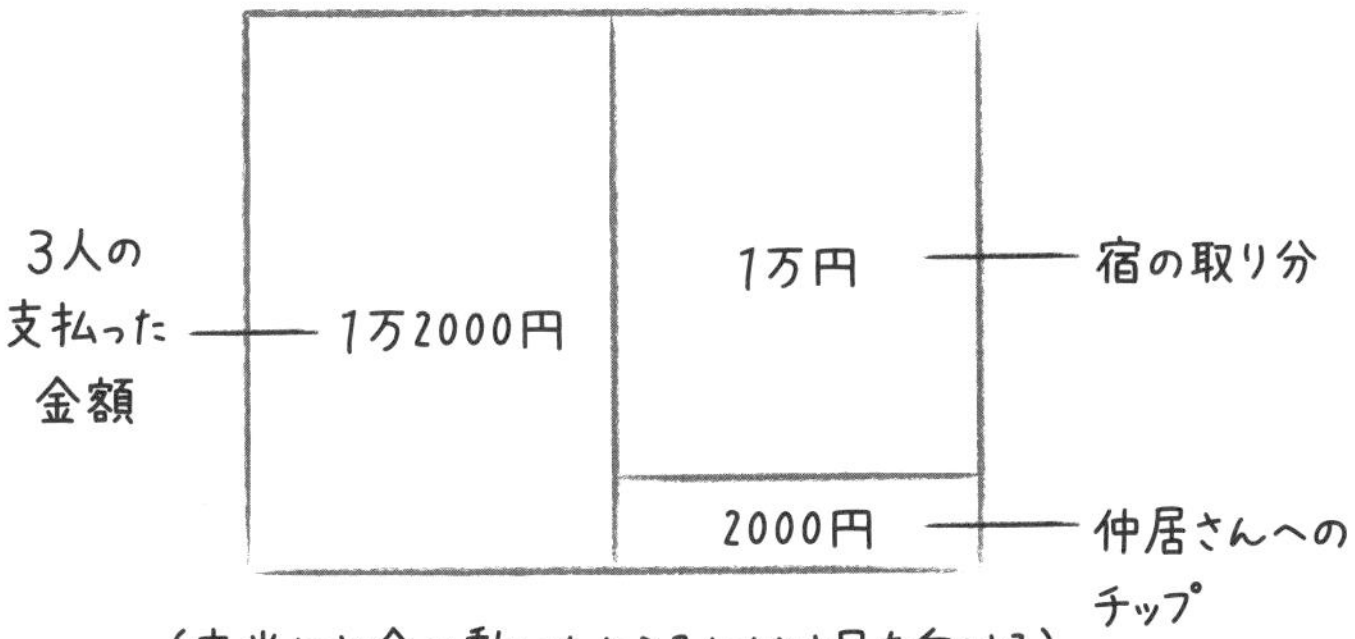

（本当にお金の動いたところにだけ目を向ける）

ある。

　２０００円を足したいのであれば、客が宿から返してもらった５０００円を見ないといけない。実際に客が受け取ったのは１人１０００円ずつの３０００円だから、これに仲居さんへのチップ２０００円を足して、５０００円になる。

◆バランスシート感覚で見る

　前ページの図でわかりにくければ、上図のようにバランスシート感覚で見るといい。「返却」などの途中経過は無視して、３人の支払総額は１万２０００円。これは納得いくだろう。その１万２０００円がすべての源泉で、１万円は宿に、２０００円は仲居さんのチップに消費された。こうして見ると、宿での話も「どこがふしぎだったのか？」と思うだろう。

似たような問題は他にもある。「1人1万円のレストランで3人が食事をした。支配人から『食材を間違えて出してしまった、3人のお客様に全部で5000円を返却しなさい』といわれた店員が『3人では割り切れない』と考え、3000円を返却し（1人あたり1000円）、2000円をネコババした」などのケースだ。

この場合も、1人あたりの支払いは9000円で合計2万7000円。ネコババ分2000円を合わせても2万9000円で、「1000円はどこへ消えた？」と思ってしまうが、これも同じ間違いである。

店は2万5000円を受け取ったことになり、お客に返却した3000円と、ネコババされた2000円を加えると3万円になるので、きちんと計算が合う。

02

魚の生息数を推測する

◆サンプル調査のマジック

日本の１億２０００万人の行動、性格などを全部調べようとするのは大変だ。時間もお金もかかる。そこで実施されているのがサンプル調査である。１万人ほど（実際にはもっと少なくていい）のサンプルを無作為にとって、そこから全体を推し量るという方法だ。この方法をうまく使うと、全数調査がむずかしいものについて、サンプルだけで推定できるのでとても便利だ。ということで、次の問題はどうだろうか。

Ａ県のフィッシュ湖に生息する魚の数を調べたい。湖は広いので全部の魚の数を調べ上げるのはむずかしい。ある時、３００匹を湖全体からサンプルとして捕まえた。この後、湖全体の魚の数を推測するにはどうすればいいだろうか。

湖に魚は何匹いる？

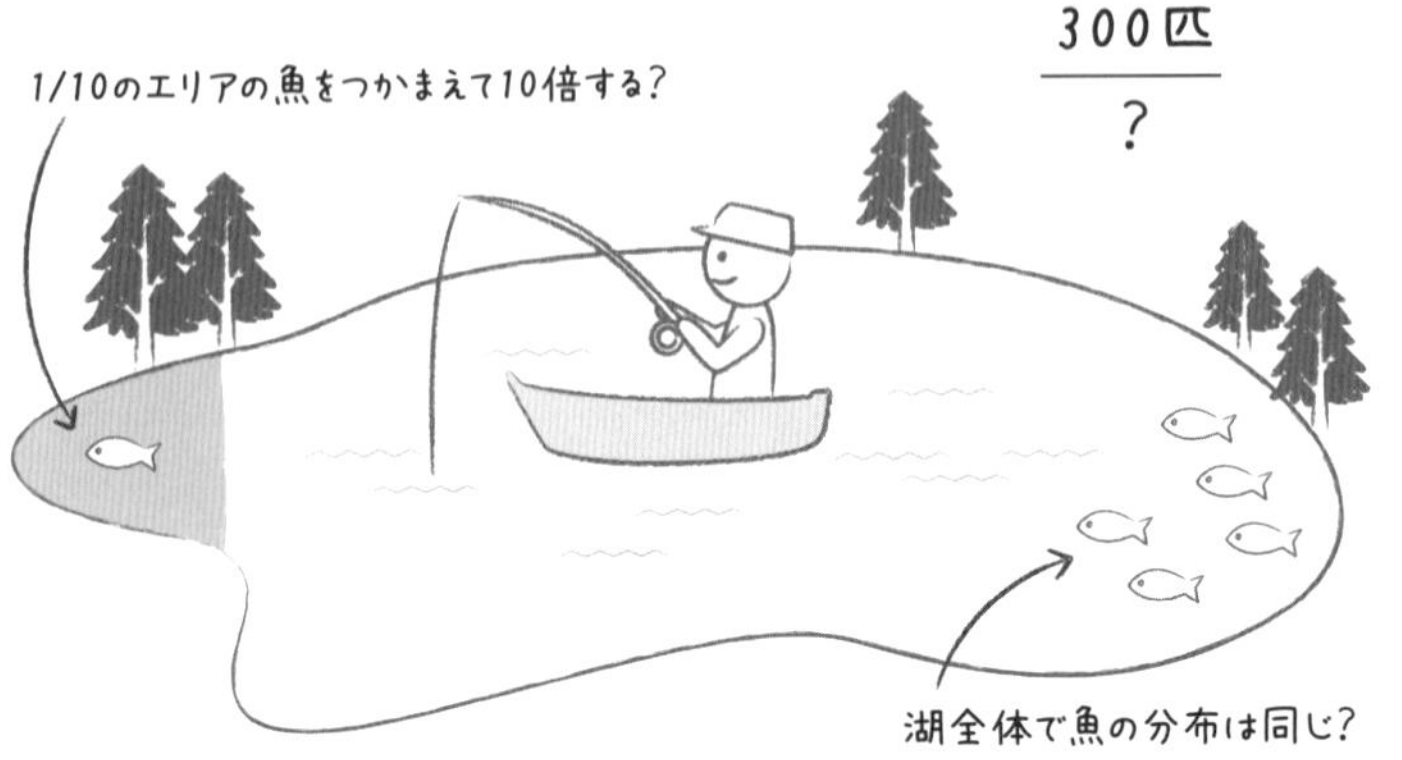
300匹
?
1/10のエリアの魚をつかまえて10倍する？
湖全体で魚の分布は同じ？

湖や池、川の魚の数、森の鳥や昆虫の数を、1匹残らず正確に調べ上げるのは至難の業だ。実際には「おおよその数がわかれば十分」ということが多いので、「湖から魚のサンプルをとって全体を推定する」という方法が一番妥当である。

たとえば、調査対象の湖の1／10エリアの魚をすべて捕まえることができれば、その数を10倍して推定することも可能だろう。

しかし、その1／10エリアの魚の分布が湖全体と等しいか否かは誰にもわからない。また、実際には一定エリアの魚でさえ、すべて捕まえることはむずかしい。まして魚は動き回る。

◆2段階に分けて「目印」の割合を求める

こういう場合には、2段階に分けて採取する方法がある。まず1回目に湖全体から万遍なく魚を捕る

（問題文では３００匹）。この段階では、まだ湖のすべての魚の数を推定できない。捕まえた３００匹に目印（魚の行動に影響を与えないもの）をつけ、魚を湖に戻す。

しばらくして魚が湖に広がった頃、２回目の採取をする。この時、２００匹捕まえたうちの32匹に目印がついていたとする。

湖全体の魚の数：1回目の採取＝2回目全体の数：目印の数

と考えられるので、湖全体の魚の数を推定できる。$x : 300 = 200 : 32$ なので

$$300 \times \frac{200}{32} = 1875$$

以上から、１８７５匹と推定できる。目印の魚が30匹ならば約２０００匹、35匹なら約１７１４匹となるから、「１７００〜２０００匹ぐらい」という推定で大きな間違いはないだろう。

03

アリババは洞窟から逃げられるか？

◆洞窟のトビラを開けるテクニック

旧ソ連の社会制度にはいろいろな問題はあったが、こと教育に関してはかなりの努力をしていたように感じる。中でもレニングラード（現在のサンクトペテルブルク）には数学サークルがあり、現職の教師がチューター役を買って出て、大学入学前の若者に幅広い数学的な考え方が育つような講義をしていた。上位校の受験に直接役立つようなものではなかったかもしれないが、深い教養に結びついたことだろう。それらの問題の集積が本（『数学のひろば』岩波書店）になっているので、その1つをわかりやすくアレンジしたものを紹介しよう。

アリババは盗賊に見つからぬように甕《かめ》に隠れていたが、そのまま洞窟の中に入れられてしまった。盗賊がいなくなったので、その隙になんとか逃げ出したい。そういえば、盗賊

樽の４つの穴の「上下」を揃えるのが問題

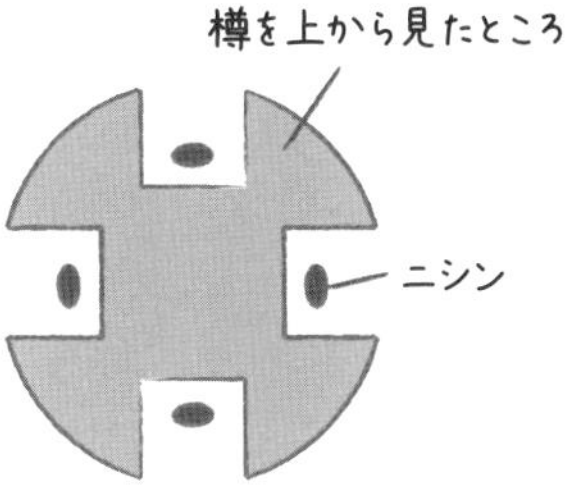

① 同時に2つの穴に手を入れ、
ニシンの上下を変更できる

②その後、樽は高速回転する

4つの穴の中にそれぞれニシンの形をした彫り物があり、上か下を向いている。どちらを向いているかは暗くて見えず、手で触れないとわからない。

は洞窟の入口にある樽でトビラの開閉を操作していた。洞窟の内側にも同じような樽がある。樽には4つの穴があり、それぞれの穴にニシンの形をした彫り物が1つずつある。頭が上を向いているものもあれば、下を向いているものもあるが、中は見えない。

　ここでアリババは、盗賊が先ほど仲間にしていた話を思い出した。

『上向きでも下向きでもいいけれど、4つの穴のニシンの向きがすべて同じ向きになった時、トビラは開くんだ。まず、2つの穴に同時に手を突っ込んでニシンの向きを調べ、向きを変えてやる。この操作をすると、樽は高速で回って止まるため、さっき自分が触れた穴がどれだかわからなくなる。何回もやればいつかは4つとも同じ向きになってトビラは開くだろうが、6回操作をすると見張りのドラゴンが出てきて食われてしまう。どんな場合でも、5回以内にケリをつけないといけないから、命懸けだぞ』

――はたして、アリババが洞窟から抜け出すには、どう操作したらいいのか。

◆トビラを開ける手順を考えよう

　状況説明もあるので、問題文が長くなってしまった。何回も両手を突っ込むたびに上を向ければ、そのうちニシンをすべて上向き（あるいは下向き）にできる。そこで、回数制限が設けられているわけだ。「6回操作するとドラゴンが出てくるって、おかしな設定だ

向かい合った側、隣り合う側——で操作していく

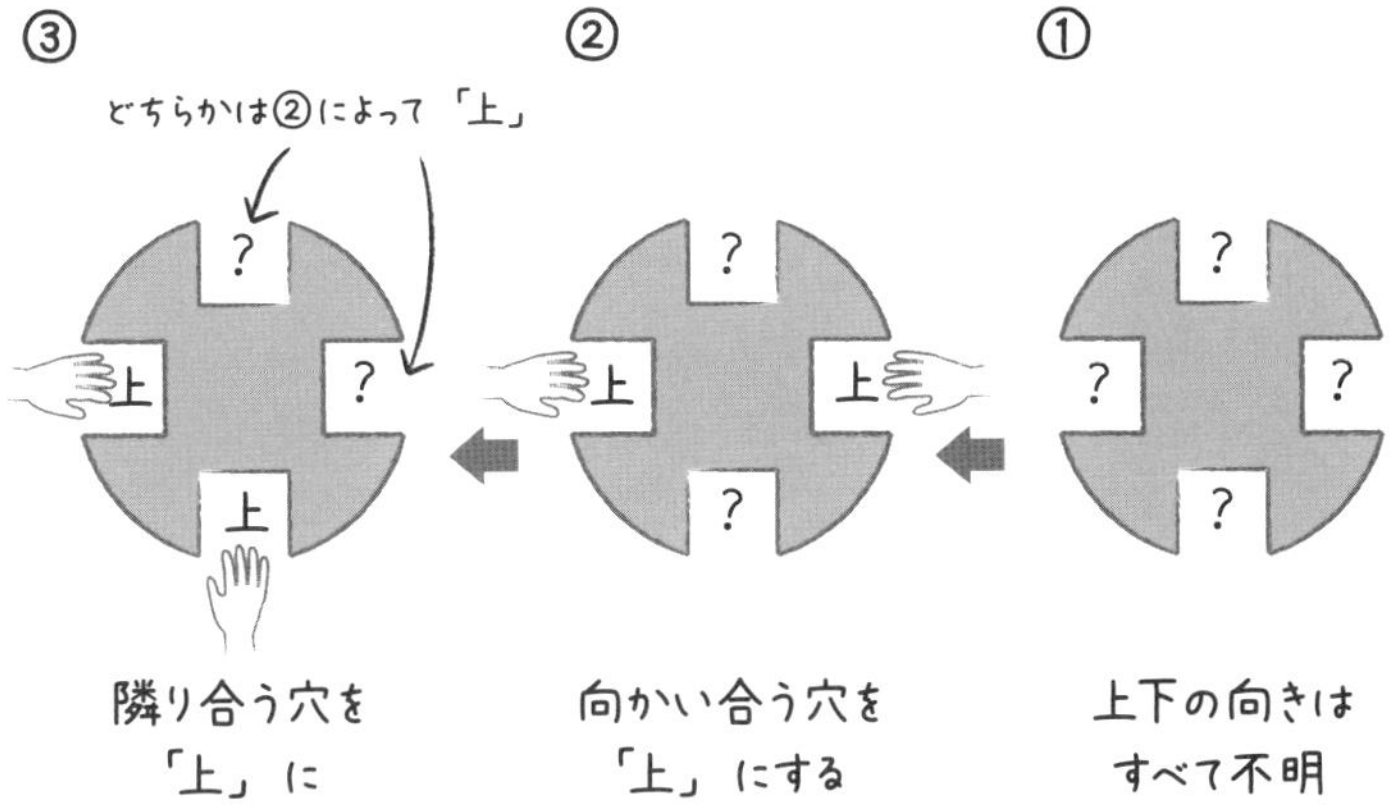

なぁ」と余計なことを考えてはいけない。要するに「偶然に左右されず、５回以内にトビラを開ける方法を考えよ」ということだ。

１回目――いまは４つの上下関係が何もわからない状態（①）なので、当面３つを同じ向きにすることを中間目標とする。その後の手順はまた考えるとしよう。

さて、最初は「向かい合った穴」に手を入れて両方とも「異なる向き」だったら、下向きのニシンを上向きに変える（②）。残りの２つもたまたま上向きだったら１回でトビラが開くが、そうとは限らない。

もし、手を入れた穴のニシンが「同じ向き」だったら、他の１つ、あるいは２つが逆向きの可能性があるので、両方とも反対向きに変えてみる。運よく残り２つが同じ向きならトビラが開く。開かない場合、1つが上向き、1つが下向きだったことになる。ということは、「3つが同じ向き」になっているので早くも中間目標クリアだ。④の状態になり、ステップを1つ省略できる（→④へ）。

2回目――1回目で「異なる向き→上向きに変えた場合」には次はどうするか。高速で樽がグルグル回った後、再度穴に手を入れる。今回も「向かい合った穴」に手を入れると、前回と同じ穴の可能性がある。そこで2回目は「隣り合った穴」に手を突っ込んでみる。すると、必ず前回とは異なる穴の1つに触ることになる。

ここでは1つは必ず「上向き」だが、もし「下向き」の穴があれば、「下向き→上向き」とする（③）。両方上向きなら何もしない。これで最低、3つは「上向き」の④の状態になる。

一度、それまでの努力を捨てる勇気が必要

さて、3つは上向きだが、実はここからがむずかしい。選択できるのは、「向かい合った穴」に手を入れるか、「隣り合った穴」に手を入れるかのどちらかだ。最後の4つ目（下向き）にいつ出会えるかわからない。不運が続けば5回目までに終わらない。

手を入れた時の結果がどうであれ、どういう状態に持ち込めば、すべてを同じ向きにで

どうすれば「すべての向き」を揃えられるか？

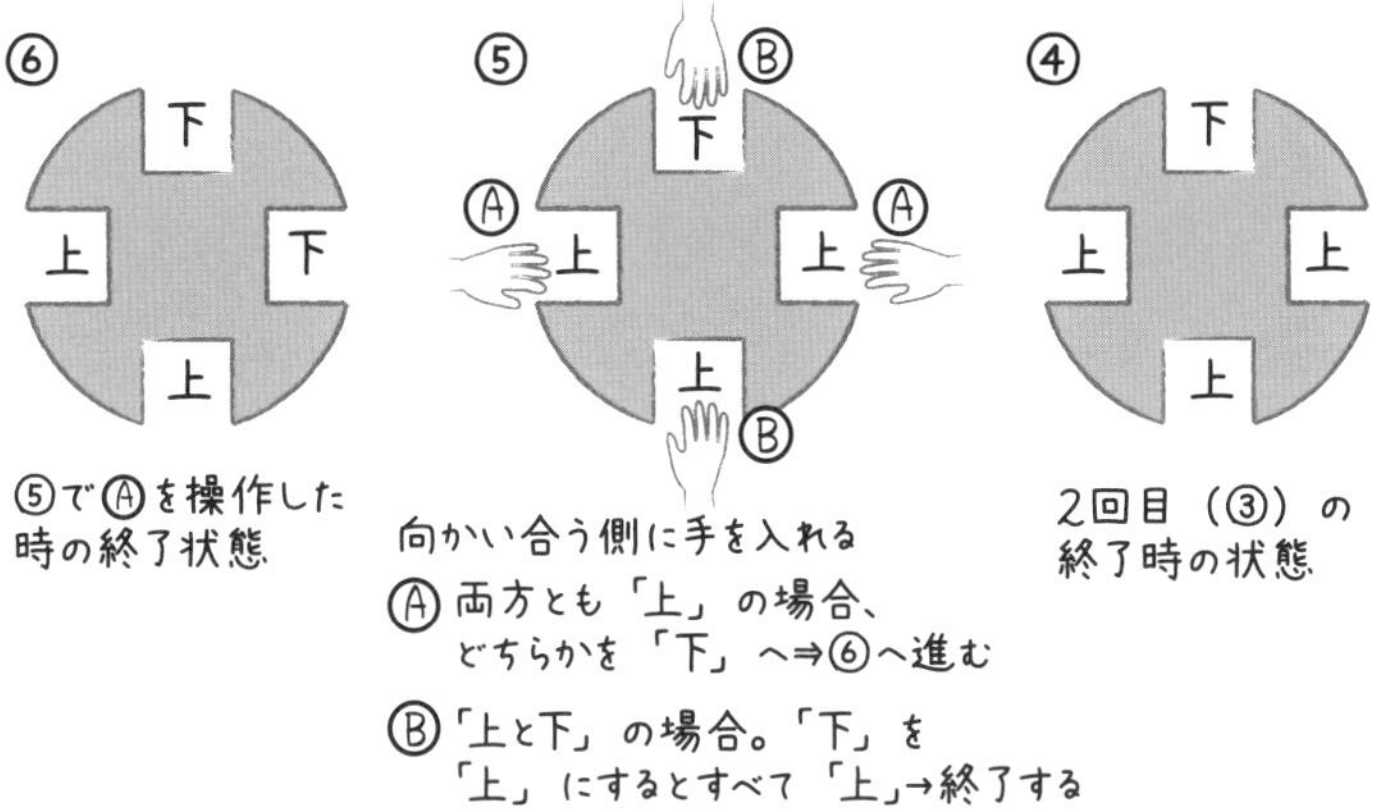
⑥
下
上
下
上
⑤で Ⓐ を操作した
時の終了状態
⑤
Ⓑ
下
Ⓐ
上
上
Ⓐ
上
Ⓑ
向かい合う側に手を入れる
Ⓐ 両方とも「上」の場合、
どちらかを「下」へ⇒⑥へ進む
Ⓑ「上と下」の場合。「下」を
「上」にするとすべて「上」→終了する
④
下
上
上
上
2回目（③）の
終了時の状態

きるかを考える。ここで逆転の発想をする。これまで「上向き」にしようとしてきたが、トビラを開けるためには「すべての向きを同じにする」ことなので下向きでもいい。そう考えると、次ページの⑧のように最後は「向かい合った穴」が同じ向きとなる位置関係にすればよいと気づく。

3回目――④の状態から、「向かい合った穴」に手を入れ、もし両方とも上向きの場合（⑤のⒶの時）、どちらか一方を下向きにする（どちらでもいい）。この場合、どちらを下向きにしても⑥の図のようになる（位置関係は異なる可能性はある）。

もし、どちらか一方が「下」向きであればラッキーだ。「下↓上」にすれば4つとも「上」になって脱出できる。

4回目――⑥の状態で、「隣り合った穴」に手を入れる。すると次ページの⑦か⑦′である。

これで、見事に脱出！

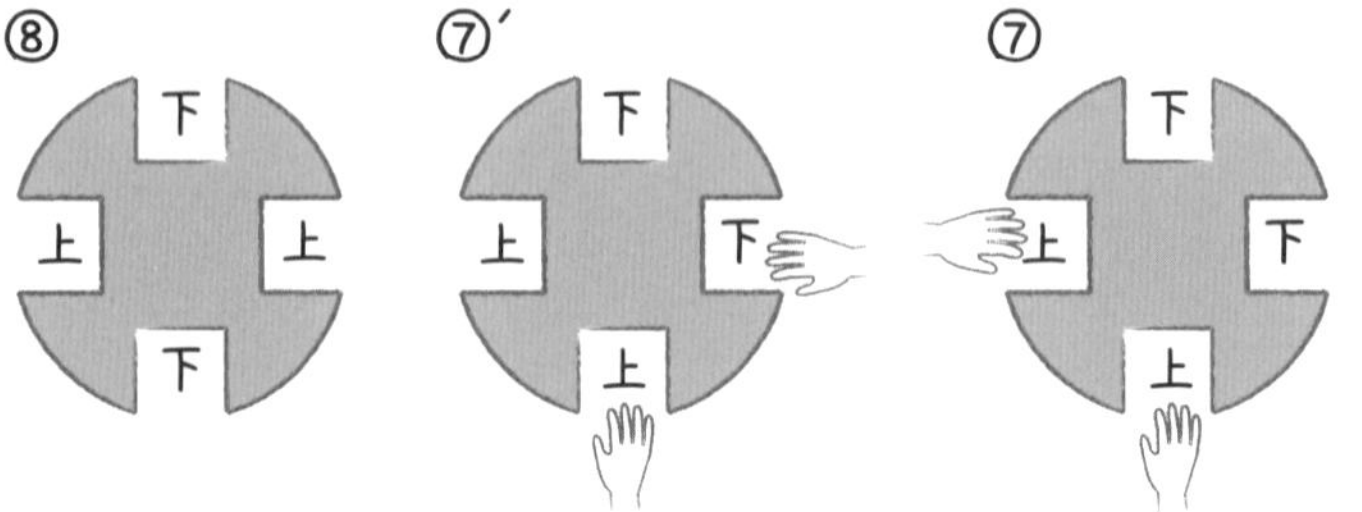

⑥の状態から隣り合う穴に手を入れた時
「上上」→「下下」
「下下」→「上上」
で終了

⑥の状態から隣り合う穴に手を入れた時、
「上下」→「下上」
（下上なら上下）

⑦′終了時の状態。
ここで向かい合った側は必ず「上上」か「下下」。
そこで「上上」→「下下」。
「下下」→「上上」で終了

この時、⑦のように「上・上」か「下・下」の場合、両方とも向きを変えれば「上・上・上・上」か「下・下・下・下」になってトビラが開く。

運悪く⑦′に手を入れた場合は、「上・下」になっている時だ。そこで、両方とも向きを変える（「上↓下、下↓上」）。すると、⑧の図のように「向かい合った穴」が必ず同じ向きになる。

5回目――もう一度回転させて、「向かい合った穴」に両手を突っ込み、「上・上」なら「下・下」に、逆に「下・下」なら「上・上」に変えればすべてが揃う。めでたく、ドラゴンに食べられずに逃げることができる。ついでに宝物も少し持って行こうか……。

この問題のむずかしいところは、3回目に心理的な抵抗があることだ。これまで苦労して、少なくとも「4つのうち、3つは上向き」で揃えていたのに、その後になって「上↓下」にするのは、一見ゴールから遠ざかるような気がする。急がば回れということである。

この問題を大学生に解かせてみたところ、「ニシンは生きているのか、模造品なのか？」「2人で4つの穴に同時に手を突っ込んで全部を上（または下）にすれば済む」「なんでニシンなんだ？」……と、いろいろな意見が出た。「2つの穴に同時」というのはルールなのだから破ってはいけない。ロシアではニシンは最も代表的な魚だから事例として使われたのだろう。当然あくまで彫刻のニシンのはず。

結局、「上か下か」「0か1か」が揃った時という意味に過ぎないわけで、文章問題ではこういう部分に引っかかっていると、ややこしい問題がさらにややこしくなるだけである。

04

砂漠の民の遺産分割法

えっ、遺言通りに遺産分けができない？

砂漠の民ベドウィンは誇り高く、集団としても個人としても耕作不能の地で羊やラクダの放牧や売買をすることが多い。彼らは全財産を持って移動しながらテントに住み、とりわけ身分の高い者は羊よりもラクダを好んだという。

ある3人の息子を持つ男が亡くなる時、遺産の配分を長男に1／2、次男に1／3、三男に1／8とした。これまでの貢献度合いと、まだ若い三男は長男に面倒を見てもらう必要性を考慮しての配分となった。誰も不満はなく、ラクダ以外の遺産は話し合いでうまく配分された。ただ、この時ラクダの数は23頭だった。端数のラクダは殺して肉にして分けるしかないが、生きているラクダのほうがずっと価値がある。これは困った。

ちょうど父の葬式に来ていた賢者に相談したところ、1頭のラクダを貸してくれた。

「合わせて24頭になるので、それを分配するように」と賢者がいう。

24頭の1／2の12頭を長男が、1／3の8頭を次男が、1／8の3頭を三男が取ることにした。12＋8＋3＝23となるので、賢者のラクダを返し、他の遺産からその知恵への礼をした。

めでたし、めでたしだが、なぜこんなふしぎなことが起きるのだろうか？

◆分数の計算＝アラブの知恵

それを考える前に、もう1つの揉め事を見てみよう。35頭のラクダを持つ父親が亡くなった時、男3人の子供のうち長男は1／2、次男は1／3をもらうことで同意したが、三男はずいぶん若くて兄弟仲もよくなかったので1／9にされた。そこで三男は、知恵者として知られたアリババに相談した。この三男に同情したアリババは一計を案じ、ラクダを一頭連れて行った。

長男には36頭の半分の18頭を渡し、次男には12頭を渡し、三男には4頭を渡した。それぞれ35頭の半分、1／3、1／9よりも多いのだからと納得させた。その上で、残った2頭を連れ帰った。1頭はもともと自分のラクダで、もう1頭は養子にした三男の養育費という名目である。三男を厄介払いできた長男と次男はそれで納得した。

最初の場合は、1頭を追加して分配した後、余った1頭を回収した。2番目の場合は1

頭を追加して分配した後に2頭が余って、ちゃっかり1頭分トクをした。どうしてこんなことが起こったのだろうか。実際は、分配率を分数にして足すと、

$$\frac{1}{2}+\frac{1}{3}+\frac{1}{8}=\frac{23}{24}$$

$$\frac{1}{2}+\frac{1}{3}+\frac{1}{9}=\frac{17}{18}=\frac{34}{36}$$

となるというだけのことである。分数の計算ができるということは、アラブの賢人に勝るとも劣らない知恵ということらしい。

◆分数計算が浸透していなかったことが最大の原因か

アラブの知恵話が生まれた頃、分数計算は普及していなかった。伝統的な単位分数（67ページ参照）での計算を知っている者も多くはなかった。だから、「総和が1」にならないことがわからなかったのかもしれないし、分配率の和を1より少し小さくして遺産分配に伴う経費を出す習慣があったのかもしれない。この分配しない（不分配分）比率が単位分数（1／x）になる計算ができたのなら、この種の知恵話がつくられたのも納得できる。

不分配率は最初の例では1／24で、財産の頭数が23だから1を加えて計算を成立させ、

その後に1を引くことができた。２つ目の例では不分配率が１／18だ。財産の頭数が17（=18−1）ならば同じように1を加えて1を引くことができたが、頭数が35（=2×18−1）なので1を加えてすべての配分を整数にし、不分配が２頭になるので、２を引くことができた。

もしかすると、アラブの知恵話ができたのは失敗談からなのかもしれない。よくある問題の分配率の組合せは１／２、１／４、１／６で、頭数が11というものである。

$$\frac{1}{2}+\frac{1}{4}+\frac{1}{6}=\frac{11}{12}$$

不分配率はここでは１／12で、全体が12頭なら１頭分となり、最初の例とまったく同じ話になる。とすると、もともとは財産が12頭で、分配率が１／２、１／３、１／６だったのかもしれない。その場合、６頭、４頭、２頭に分けて何の問題もない。

ところが、何らかの理由で1頭少なくなったために、４頭の人を3頭にすることにしたと考えることもできる。そこで、3=12÷4 だから、１／３を１／４に変えれば、それで正しく分配されると誰かが勘違いしたとも考えられるだろう。

問題

父親が急に亡くなり、１２１頭の羊を遺産として残した。遺産割合は長男、次男、三男にそれぞれ、１／２、１／４、１／６である。どう分ければいいか。

分配率の組合せが1／2、1／4、1／6で、頭数が11という問題であれば先ほどの問題と同じだが、１２１頭だというのだから、11／12の分母と分子を大きくしてみよう。すると、

$$\frac{1}{2}+\frac{1}{4}+\frac{1}{6}=\frac{6}{12}+\frac{3}{12}+\frac{2}{12}=\frac{11}{12}=\frac{121}{132}$$

となり、最初に１３２頭を用意する必要がある。だから132-121=11で11頭だ。長男、次男、三男のそれぞれの分配頭数は、

$$\frac{1}{2}+\frac{1}{4}+\frac{1}{6}=\frac{66}{132}+\frac{33}{132}+\frac{22}{132}=\frac{121}{132}$$

よって、長男66頭、次男33頭、三男22頭となる。これで１２１頭となり、無事に遺産分け成功である。しかし、11頭もの羊を誰かに借りないといけないので大変である。そこで、1頭だけで済む解答を考えてみた。

なぜか、羊を1頭だけ連れたおじさんが来る。悩む3人に1頭貸す代わりに、「貸す前に、1頭借りるぞ」という。すると残りは120頭になるので、分けやすくなる。60頭、30頭、20頭ずつとなり、10頭余る。そこでおじさんが手元の2頭を貸すと12頭になり、これをさらに6頭、3頭、2頭に分ける。6+3+2=11頭なので「1頭」余って、おじさんは連れてきた1頭と帰って行く。みんなの分配は、66頭、33頭、22頭ずつというわけで、さっきと同じになる。

05 木の本数は「残ったワラ縄」で数えよ

◆正確に本数を調べあげる？

豊臣秀吉が織田家に仕えてまだまもない頃、会社でいえば総務か会計係の時代があった。当時は藤吉郎という名で、崩れた石垣の三日普請《ぶしん》や冬の暖房費（炭の使用量）の軽減などで早くも知恵者として頭角を現わし、山林奉行や薪炭《しんたん》奉行を仰せつかっていたことがある。年に一度、業者から「今年はこの山のこの範囲にある木を炭として納める。木が○本なので炭俵は○俵になり、いくらになる」という形で納入されていたそうだ。一度に納入されても置き場所に困るので、実際にはある程度使ったら請求によって納入されるシステムだったのだろう。それを期前に一括して費用を概算したのかもしれない。

実際に木を1本1本数えるわけではなく、業者側が申告した木の本数を視察したことにしておくのが慣例で、それなら山林奉行側も袖の下を期待できる。業者も数える手間が省けるし、長年の経験と勘で大体の本数はわかる。あとは適当に水増し申告する。申告した

引き算で木の本数を数えた「対応」の発想

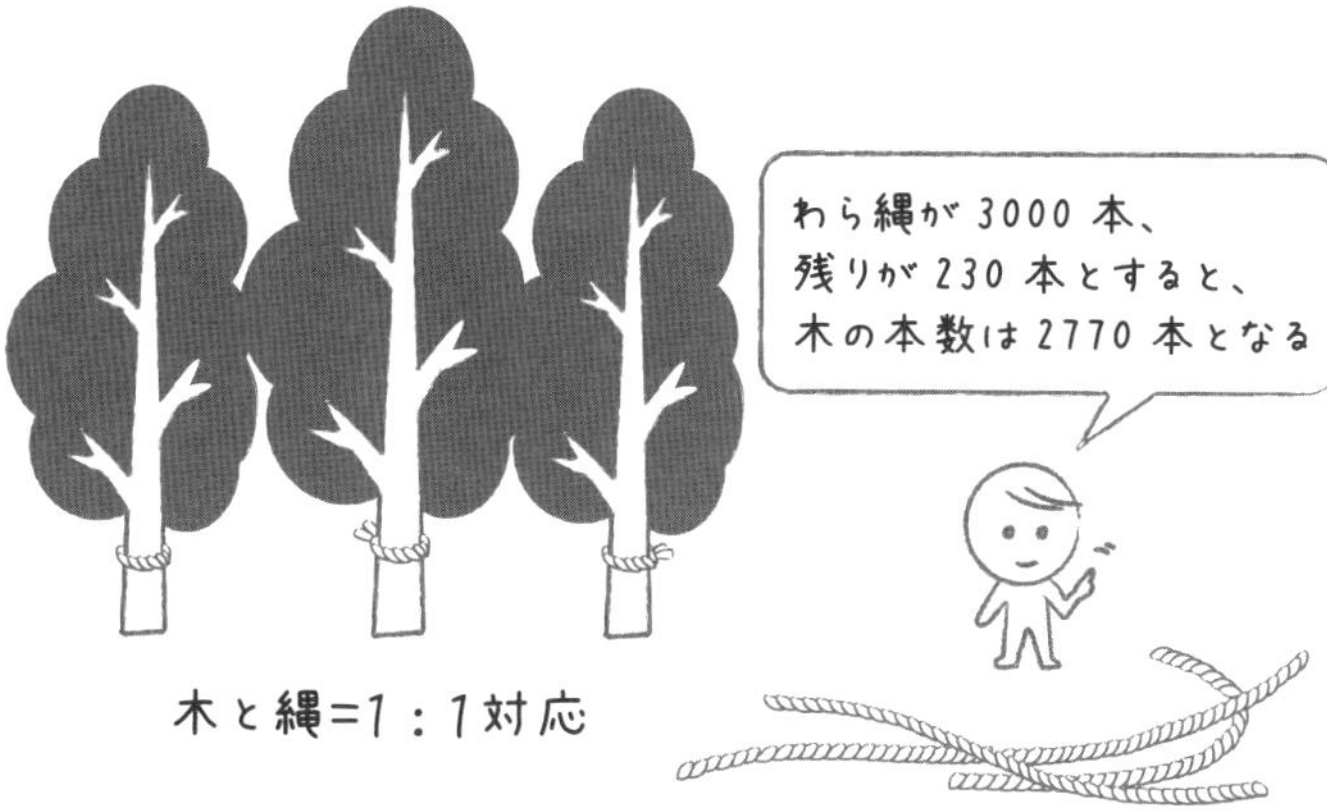
わら縄が3000本、
残りが230本とすると、
木の本数は2770本となる
木と縄=1：1対応

木の本数が少なかったら損失だし、1本の木からできる炭の量もマチマチだ。けれども、業者であればその平均の歩留まりも経験上わかっている。水増しも多少のことなら咎《とが》められることもない。

ところが、青年・藤吉郎は山にある木の本数を実測しようとしたのである。まず、下役数人と山の近くの住民をかき集め、どれだけの木があるのかを実際に調べあげるというのである。

さて藤吉郎は、どのような方策を考えたのだろうか。

◆「ワラ縄の残り本数」で数える「1：1」の対応

炭にする木といっても1種類ではない。種類によってできる炭の質も量も違ってくる。『吉川太閤記』には、藤吉郎は千本単位のワラ縄を準備したとある。それを1本ずつ木に縛りつけ、残った縄の本数を数える。もし、３０００本を用意し、残ったワラ縄が２３０本であれば、２７７０本（=3000-230）だとわかる。ワラ縄を結んでいる最中はカウントしなくてもいいのだ。

もし、２種類の木を別々に調べたければ、縄に何らかの印をつけておけばいい。たとえば、あらかじめ本数を数えておいた青い茎の草を縄に括りつける。印のない縄はナラの木、印のある縄はそれ以外の木に縛るというルールにすれば、その残りを数えることでそれぞれの木の本数がわかる。

これは、「残りの縄」で実測した知恵として知られるが、面白いのは「縛った縄：木＝１：１」という対応関係を利用して、数えにくいものを数えやすいものに変えていることである。

PART 2

確率を知ると「先が読める」？

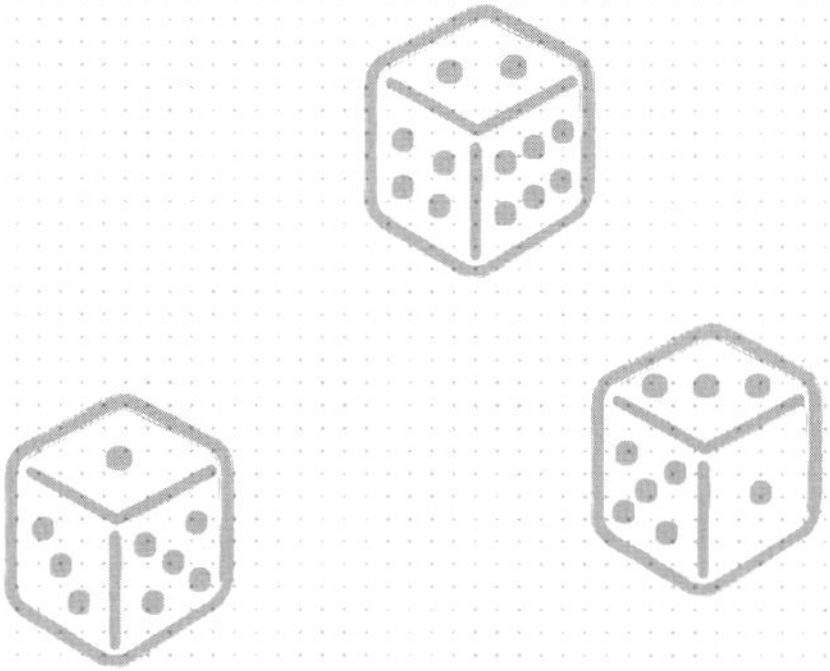

01

賭博場で勝負がつかなかった時

確率の誕生！

ここはパリのとある賭博場。２人が真剣にコイン投げで勝負を争っている。５回投げて最初に３回表が出たらＡ男爵の勝ち、逆に裏が３回出たらＢ商人の勝ちという単純なゲームだ。しかし、賭け金が１勝負１万フラン（２人合わせて２万フラン）といった高額になると、カネ持ち同士であっても真剣になる。

いま、Ａ男爵が２勝、Ｂ商人が１勝の時、パリ市警がいきなり取り締まりで踏み込み、賭けを続行できなくなったとする。Ａ男爵としては、「勝負はついていないからチャラ」では納得できない。何しろ、あと１勝で１万フランを獲得できるのだから。

しかし、Ｂ商人だってまだ負けてもいないのに１万フランを渡すわけにはいかない。では、その時点（Ａ男爵の２勝１敗）で賞金を分配するとしたら、どうしたら双方納得のいく決着となるだろうか。

これと同等な問題を、ギャンブラーとして知られるシュバリエ・ド・メレというフランス人が、天才の誉れ高いパスカルに尋ねたのである。

勝負は5回、多く勝ったほうが勝ち。途中段階で勝負を終えざるを得ない時、賞金の配分はどうなるか。パスカル自身、一応の解答を得たが確信を持てず、フェルマーに手紙を書いて答えを見つけてもらった。その後、パスカルは2人だけでなく、3人での勝負にも適用できる別の方法をフェルマーに提案した……という経緯の往復書簡が残っている。その中で「確率」という考え方が生まれ、未来予測の可能性が広まっていくことになる。

フェルマーの取った方法を説明しよう。Aの勝ちを「表」、Aの負けを「裏」と呼ぶことにする。すでに3回の勝負がなされ（Aの2勝1敗）、あと2回の勝負がありうる。可能性としては、

（表、表）、（表、裏）、（裏、表）、（裏、裏）

の4通りで、これらの出る確率はコインの性質から考えて同等だろう。このうち1回でも表が出ればAの勝ちで、Aが負けるのは（裏、裏）の場合だけである。したがって、Aが勝つのは3回、Bが勝つのは1回なので、賞金は3：1に分配するべきだという結論である。

◆「これからどうなるか」で考える

当時、この議論には多くの人が違和感を感じたようだ。次の回に表が出たらAの勝ちは決まるのだから、（表、表）と（表、裏）は1回分ではないのか。だから、賞金は2：1に分配すべきであり、3：1ではAへの分配が大き過ぎるというのである。

あなたはどう考えるだろうか。実はパスカルとフェルマーもその点の解決についてはしばらく時間がかかり、彼らと意見交換をした人々も簡単には決着をつけることができなかった。「勝負がついていないのだから、賞金は半々がよい」という意見もあれば、「これまでの勝敗が2：1だから賞金も2：1にすべきだ」という意見もあった。

しかし、Aにとって過去は2勝1敗かもしれないが、あと1勝さえすれば2：1の分配ではなく、賞金を総取りできるのだから、やはり「2：1」に賛成はできない。

ということで、これまでの経緯・実績に基づいて賞金を配分するのではなく、「これからどうなるか」という確率で賞金を配分するべきだと考えたわけだ。

さて、次の回でAが勝つか負けるかは「1：1」なので勝つ確率は1／2である。Bが勝つ確率も1／2である。したがって、（裏、表）と（裏、裏）の起こる確率はともに1／4となるので、ABが勝つ確率はそれぞれ次のようになる。

賭け事から確率は始まった？

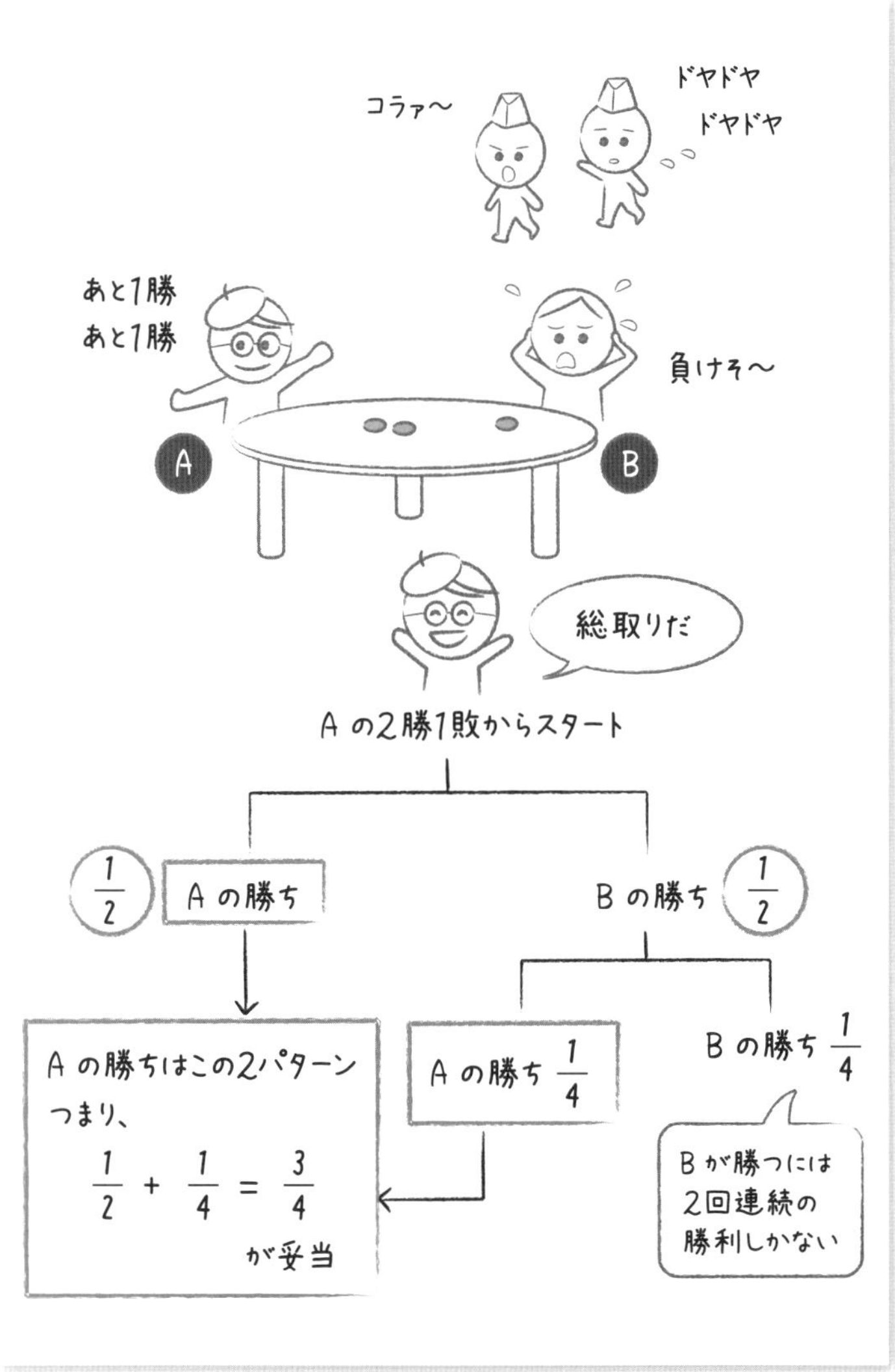
コラァ〜
ドヤドヤ
ドヤドヤ
あと1勝
あと1勝
負けそ〜
A
B
総取りだ
Aの2勝1敗からスタート
$\frac{1}{2}$
Aの勝ち
Bの勝ち
$\frac{1}{2}$
Aの勝ち $\frac{1}{4}$
Bの勝ち $\frac{1}{4}$
Aの勝ちはこの2パターン
つまり、
$\frac{1}{2}+\frac{1}{4}=\frac{3}{4}$
が妥当
Bが勝つには
2回連続の
勝利しかない

A……$\frac{1}{2}+\left(\frac{1}{2}\times\frac{1}{2}\right)=\frac{1}{2}+\frac{1}{4}=\frac{3}{4}$

B……$\frac{1}{2}\times\frac{1}{2}=\frac{1}{4}$　（$1-A=\frac{1}{4}$と計算してもよい）

パスカルはここで**期待値**という考えを持ち出した。その確率によって、現実にいくら手に入るかという期待金額のことである。賭け金総額を確率（勝つ確率）で掛けて求める。

結局、AとBは期待値として、それぞれ

A……$20000\times\frac{3}{4}=15000$（フラン）

B……$20000\times\frac{1}{4}=5000$（フラン）

に分けてもらうべきだというのである。

02 宝くじは損か、得か？

◆ジャンボ宝くじからわかること

パスカルが提起したという「期待値」。これは、確率や統計ではよく顔を出すテーマだ。一番典型的な例が「宝くじ」である。多くの庶民は、文字通り一攫千金の夢を掛けて宝くじを買う。ジャンボ宝くじの場合、

1組……10万～19万９９９９番（10万枚）

1ユニット……１００組

ユニット数……20～60

となっている。

１ユニットで１０００万枚が売り出され（その時の宝くじによって発売枚数、つまりユニット数は異なる）、ジャンボ宝くじの場合だと20～60ユニットだから、２億～６億枚も発売されることになる。１枚＝３００円なので、60ユニットならば１８００億円が年末ジ

宝くじの期待値は「半分以下」だった

2013年「年末ジャンボ」の期待値

	金額	本数	総金額
1等	5億円	60	300億円
前後賞	1億円	120	120億円
組違い賞	10万円	5940	5億9400万円
2等	100万円	1800	18億円
3等	3000円	600万	180億円
4等	300円	6000万	180億円
特別賞	5万円	18万	90億円

支払総額	893億9400万円

売上額	＝300円×60×1000万	1800億円
戻し率	＝支払総額／売上額	0.497
期待値（300円に対して）	＝戻し率×300円	148.99

ャンボの総売上高になる。

支払総額は、１等の金額、さらには特別賞の設置などによって毎回変わるが、上の表で示したのはかなり多めだ。それでも支払総額は約８９０億円で、売上額１８００億円で割ると、計算上では戻し率は50％を切る（毎回50％を切っている）。期待値としては、３００円に対して、１４８円99銭である。

感覚のズレはどこから？

多くの人は10枚単位（連番、バラ）で宝くじを買うので、その中から1枚は４等（３００円）が当たる。とはいえ、３０００円出しても３００円である。ところが計算上の期待値を見ると１５００円弱戻ってくる勘定のはずだが、そんなに戻ってきた感覚はまるでない。どういうことだろうか。

その理由は、１等賞金、前後賞などの金額が非常に大きく、総額の４割以上を持っていくためだ。通常３０００円（３等）の当たりくじでさえ当たる可能性が低い。確かに平均すれば１５００円弱の戻りかもしれないが、それは大きな数字に平均が引っ張られた結果だ。大多数の庶民は、「１５００円ではなく３００円しか戻ってこなかった」という感覚のみ残るのである。

これは国民の平均貯蓄額の１０００万円という数字が庶民感覚とズレているのと似ている。一部のカネ持ちの金額に引きずられて平均値が上がっているのだ。そのような場合、「真ん中」というのは平均値よりも、中央値のほうが実感を表わしていることが多い。

宝くじの場合も、１〜４等までの当たり券はおよそ６６００万枚。ということは、高額当選者の順に、１等から前後賞、２等、組違い賞、特別賞、３等、４等と並んでもらうと、真ん中の３３００万番の人は間違いなく「４等」となる。

「３０００円を出して３００円（４等とはいえ、事実上のハズレ）しか戻ってこない」という感覚は平均値では理解できないが、中央値から考えると実感に合うといえるだろう。

03

「ギャンブラーの直感」が数学を発展させる？

9が多いか10が多いか、それが問題だ！

ド・メレという人は、有名人に自分の疑問を聞いてまわるのが好きだったようだ。かの有名なガリレオに対しても、「2つのサイコロを投げた時、目の和が6か7になることが多く、その出現率は同等に思える。しかし、3つのサイコロの場合、目の和が9になるより10になることが多いような気がするが、私の勘違いだろうか」と尋ねたという。

3個のサイコロの目の和（3〜18）の場合、左表を見るとわかるように、3つのサイコロの和で9か10になる目の組合せは、ともに6種類ずつで同じだ。それなのに、ド・メレ自身の「経験」からすると、9よりも10のほうが多く出ると感じているらしい。この直感は合っているのか、間違っているのか。それを科学的（数学的）に教えてくれという。

しかし、9と10の組合せの数が同じだからといって、それぞれの組合せが出現する確率も同じなのだろうか。そこで次ページの上図のように、それぞれの目が出る場合を考えて

2つのサイコロを投げた時の目の和「6、7」……

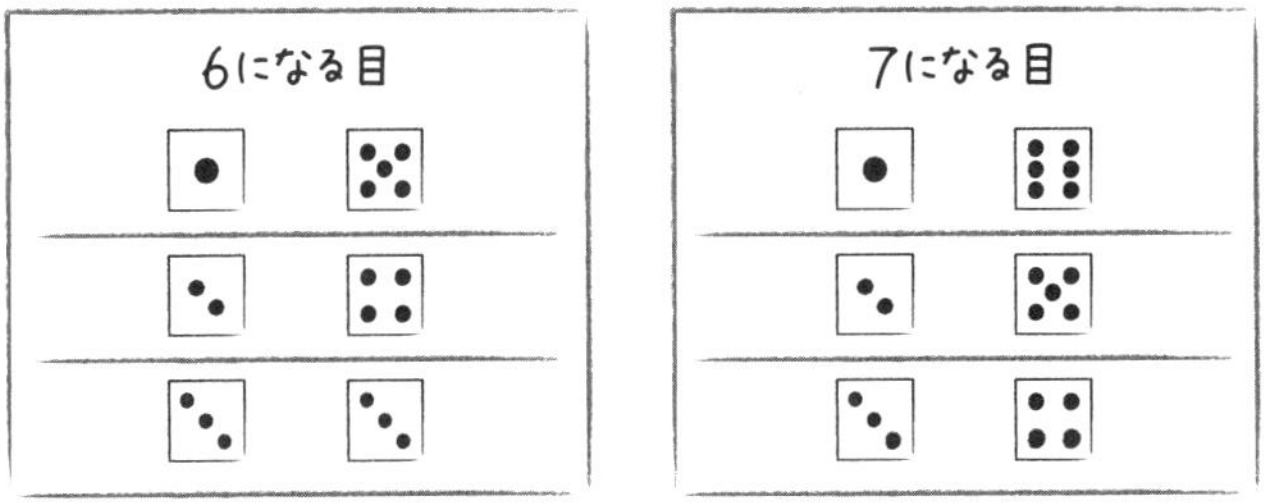

3つのサイコロだと「9より 10 のほうが頻出」か？

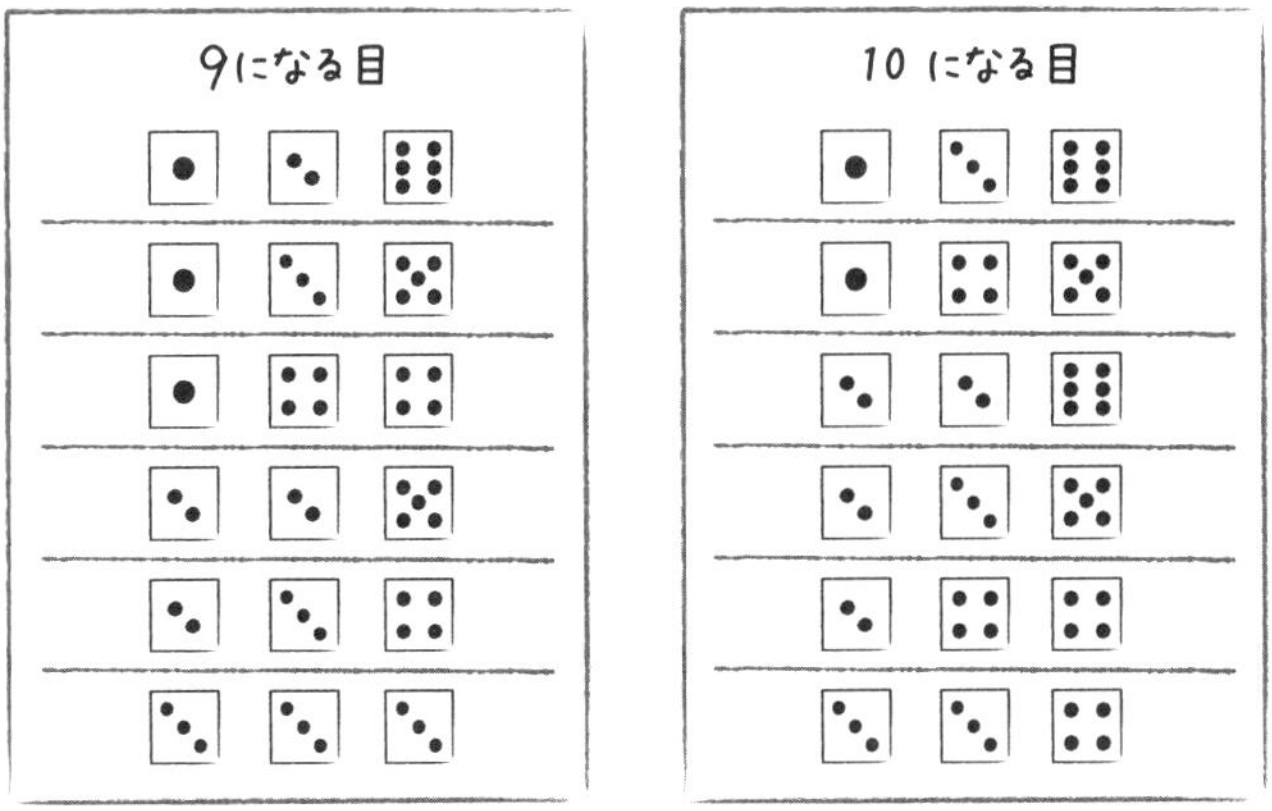

みると、

①すべての目が異なる場合（例では「1、2、6」）……6通り

②2つの目が同じ場合（例では「1、4、4」）…………3通り

③3つの目が同じ場合（例では「3、3、3」）…………1通り

となる。

だから、次ページ下図のように9と10の組合せについて、それぞれの出方を考慮して確率を計算してみると、

$$9\text{になる確率} = \frac{6\times3+3\times2+1}{6^3} = \frac{25}{216} = 0.115740$$

$$10\text{になる確率} = \frac{6\times3+3\times3}{6^3} = \frac{27}{216} = 0.125$$

となり、わずかながらも、確かに10になるほうが大きい。

こうなってみると、ド・メレという人はそら恐ろしい。このわずかな差を膨大な経験で嗅ぎ取るほど、熱心にサイコロを振ってきたということになる。ギャンブルといえども、極めれば数学者も気づかないような域に達する、ということなのかもしれない。

3つの目が異なる、2つの目が同じ、3つとも同じ

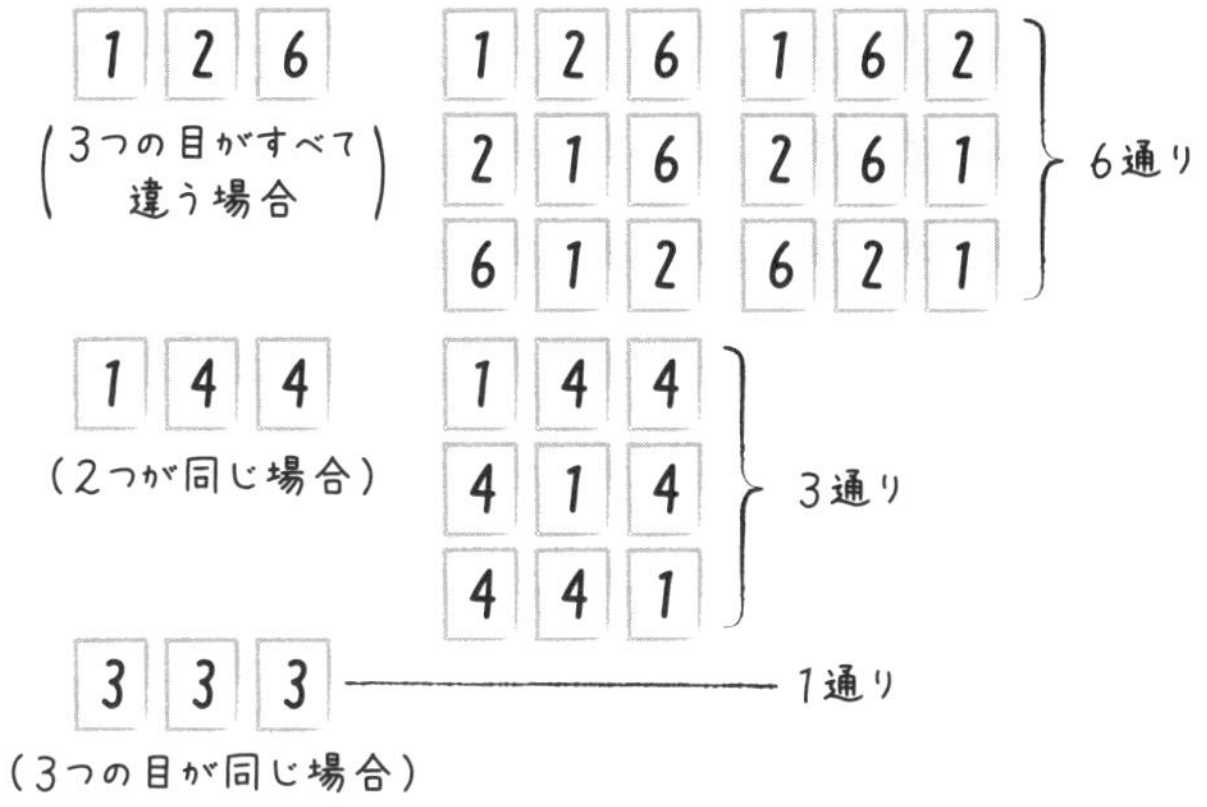

9の出る確率、10の出る確率を比べてみる

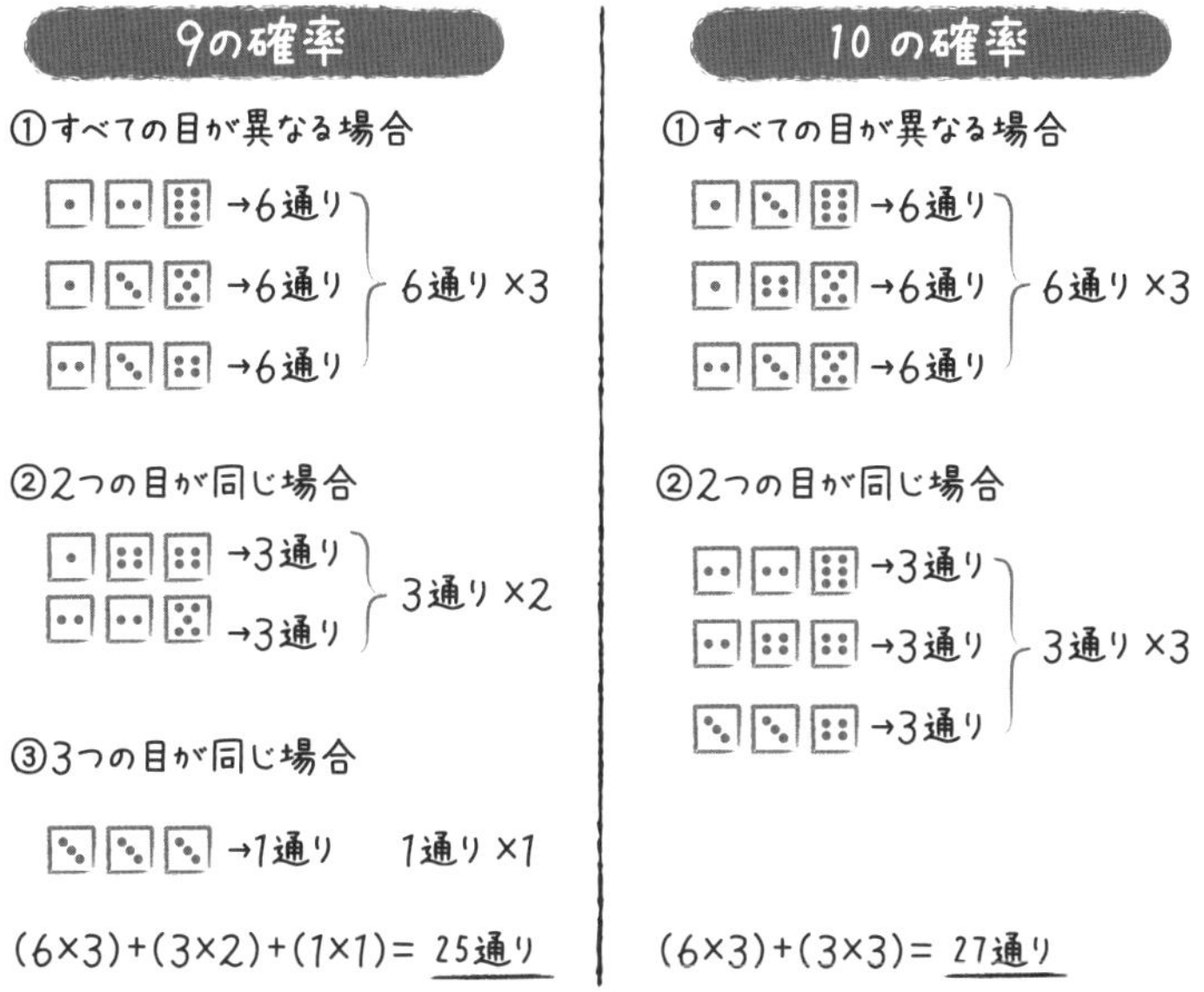

04 同じ誕生日の人が40人中1組はいる？

◆同じ誕生日の人がいる意外な確率

クラスでの誕生会や団体ツアーでの座興に一役買えそうなのが、「同じ誕生日の人がいるかどうか」のクイズだ。

問題

いま、40人のツアー客がいる。この中に、最低でも1組は同じ誕生日の人がいる確率はどの程度か。また、30人の場合ではどうか。

「今回のツアーの参加者は40人ですが、実はぁ～、同じ誕生日の人が2組もいらっしゃるんですよ！」というと、場を盛り上げる話材になる。2組もいるかどうかはわからないが、1組くらいいると「お2人の共通の誕生日である1月29日生まれには、ベルヌーイや北里柴三郎先生、ロマン・ロランなどがいますね。最近の人では、きゃりーぱみゅぱみゅさんも1月29日ですよ〜」というように話のタネにもなる。

1年は365日あるので、「たった40人では同じ誕生日の人なんて、1組もいないのでは？」と考えがちだが、さて実際のところはどうだろうか。事実は小説よりも奇なり、かもしれない。

めでたい1月1日が誕生日の人は多いが、ここではどの日に生まれるかの確率はすべて同じ1／365と考える。

◆「誰も同じ誕生日の人はいない」から考える

さて、考えやすくするため、はじめは「同じ日に生まれる確率」ではなく、「同じ日に生まれない確率」から考えてみよう。Aさん、Bさんの2人しかいない場合、まずAさんはどの日に生まれてもいいから「365／365」の確率（＝1）だ。次にBさんがAさんと同じ日に生まれない確率は、残り364日のどれでもいいから、確率としては「364／365」だ。

よって、AさんとBさんの誕生日が同じではない確率は、

$$\frac{365}{365}\times\frac{364}{365}$$

となる。知りたいのは「同じ日に生まれた確率」だから、それを１から引けばいい。

$$1-\frac{365}{365}\times\frac{364}{365}$$

３人ならどうだろうか。やはり、「３人とも同じ誕生日ではない確率」を考えると、最初の２人にＣさんが加わっただけだから、Ｃさんの誕生日は、Ａさん、Ｂさんの誕生日以外であればいい。よって、「363／365」を２人に掛けて「１」から引けばいいので、

$$1-\frac{365}{365}\times\frac{364}{365}\times\frac{363}{365}$$

となる。こうして、同じ誕生日の確率を求める方法はわかった。もし、10人であれば、

$$1-\frac{365}{365}\times\frac{364}{365}\times\frac{363}{365}\times\frac{362}{365}\times\frac{361}{365}\times\frac{360}{365}\times\frac{359}{365}\times\frac{358}{365}\times\frac{357}{365}\times\frac{356}{365}$$

となる。計算すると０・１１７になり、10人でも１割程度の確率に過ぎないが、これが20人になると一気に４割にも増える。１年は３６５日もあるのに、たった20人で「少なくとも１組は誕生日が同じ」確率が４割もあるのは、意外に大きいと感じるだろう。

そこで、これをまとめてみたのが50ページの表だ。問題文は40人の時、30人の時のそれぞれの「１組は同じ誕生日の人がいる確率」だから、40人の場合は89・１％、30人の場合

40人もいれば「1組」くらいは同じ誕生日の人が？

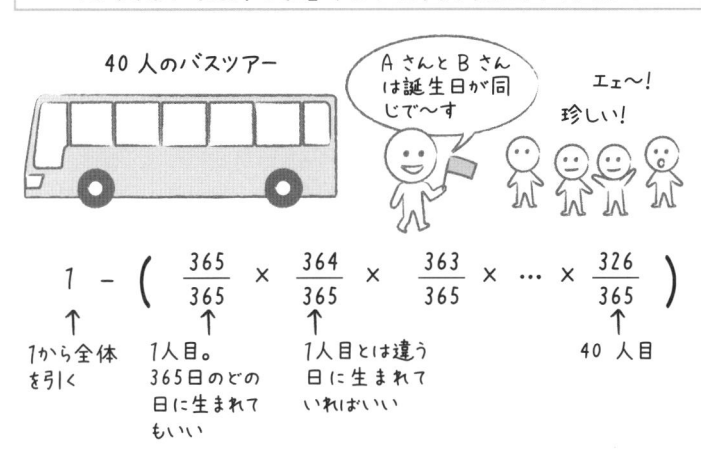

40人のバスツアー
Aさんと Bさんは誕生日が同じで〜す
エェ〜！
珍しい！

$$1-\left(\frac{365}{365}\times\frac{364}{365}\times\frac{363}{365}\times\cdots\times\frac{326}{365}\right)$$

1から全体を引く

1人目。365日のどの日に生まれてもいい

1人目とは違う日に生まれていればいい

40人目

が70・6％となる。

　これによると、思ったよりもずっと確率が大きいと感じる人が多いだろう。それはおそらく、無意識のうちに「自分（本人）と同じ誕生日の人がいる確率」を考えているからだと思う。

　40人の中で自分と同じ誕生日の人が1人でもいる確率は、

$$1-\frac{364}{365}\times\frac{364}{365}\times\frac{364}{365}\times\frac{364}{365}\times\frac{364}{365}\times\cdots\cdots$$

$$=1-\left(\frac{364}{365}\right)^{39}=0.10147$$

となる。1割の確率だ。

　この計算は、「今日、誕生日の生徒はいるか？」と考えるのと同じだ。その場合も、「どの生徒の誕生日も今日ではない」という確率を1から引くことになるので、確率は同じく1割程度となり、9割方

少なくとも「同じ誕生日」の人が1組はいる、という確率

人数	1人も誕生日が同じでない確率	1組は「誕生日が同じ」確率
1人	1	0
2人	0.997	0.003
3人	0.992	0.008
4人	0.984	0.016
5人	0.973	0.027
6人	0.960	0.040
7人	0.944	0.056
8人	0.926	0.074
9人	0.905	0.095
10人	0.883	0.117
11人	0.859	0.141
12人	0.833	0.167
13人	0.806	0.194
14人	0.777	0.223
15人	0.747	0.253
16人	0.716	0.284
17人	0.685	0.315
18人	0.653	0.347
19人	0.621	0.379
20人	0.589	0.411

1割程度（10人）
2割を超えた！（14人）
4割を超えた！（20人）

人数	1人も誕生日が同じでない確率	1組は「誕生日が同じ」確率
21人	0.556	0.444
22人	0.524	0.476
23人	0.493	0.507
24人	0.462	0.538
25人	0.431	0.569
26人	0.402	0.598
27人	0.373	0.627
28人	0.346	0.654
29人	0.319	0.681
30人	0.294	0.706
31人	0.270	0.730
32人	0.247	0.753
33人	0.225	0.775
34人	0.205	0.795
35人	0.186	0.814
36人	0.168	0.832
37人	0.151	0.849
38人	0.136	0.864
39人	0.122	0.878
40人	0.109	0.891

5割を超えた！（23人）
9割近い確率（40人）

は「なし」という結果になる。

「少なくとも1組」と考えると9割という大きな確率になるが、「自分と同じ人」となると、一気に1割という小さな確率になる。考え方次第なのである。

05 確率が変わる？——モンティ・ホール問題

◆摩訶ふしぎな話

ふつう確率というと、サイコロの1〜6までの出る確率はすべて等しいとか、コインの表と裏の出る確率は……といったことを考える。しかし、「何か新しい情報が加わることで、確率が変わる」ということもある。その一例が、モンティ・ホール問題である。

いま、あなたは人気のあるテレビ番組に出ているとしよう。目の前にA〜Cの3つのトビラがあり、どれか1つのトビラの後ろには賞品のクルマが置かれている。他の2つのトビラの後ろには何もない。もし、トビラを当てることができればクルマをもらえるというルールだ。

あなたは1枚のトビラを指定した（たとえばA）。その後、司会者は他のトビラを1つ開け（Cを開けたとする）、そこには賞品がないことを見せる。

次にあなたに向かって「さて、Cには入っていませんでした。あなたはAを選びました

トビラCを開けたら、確率はどう変わったのか？

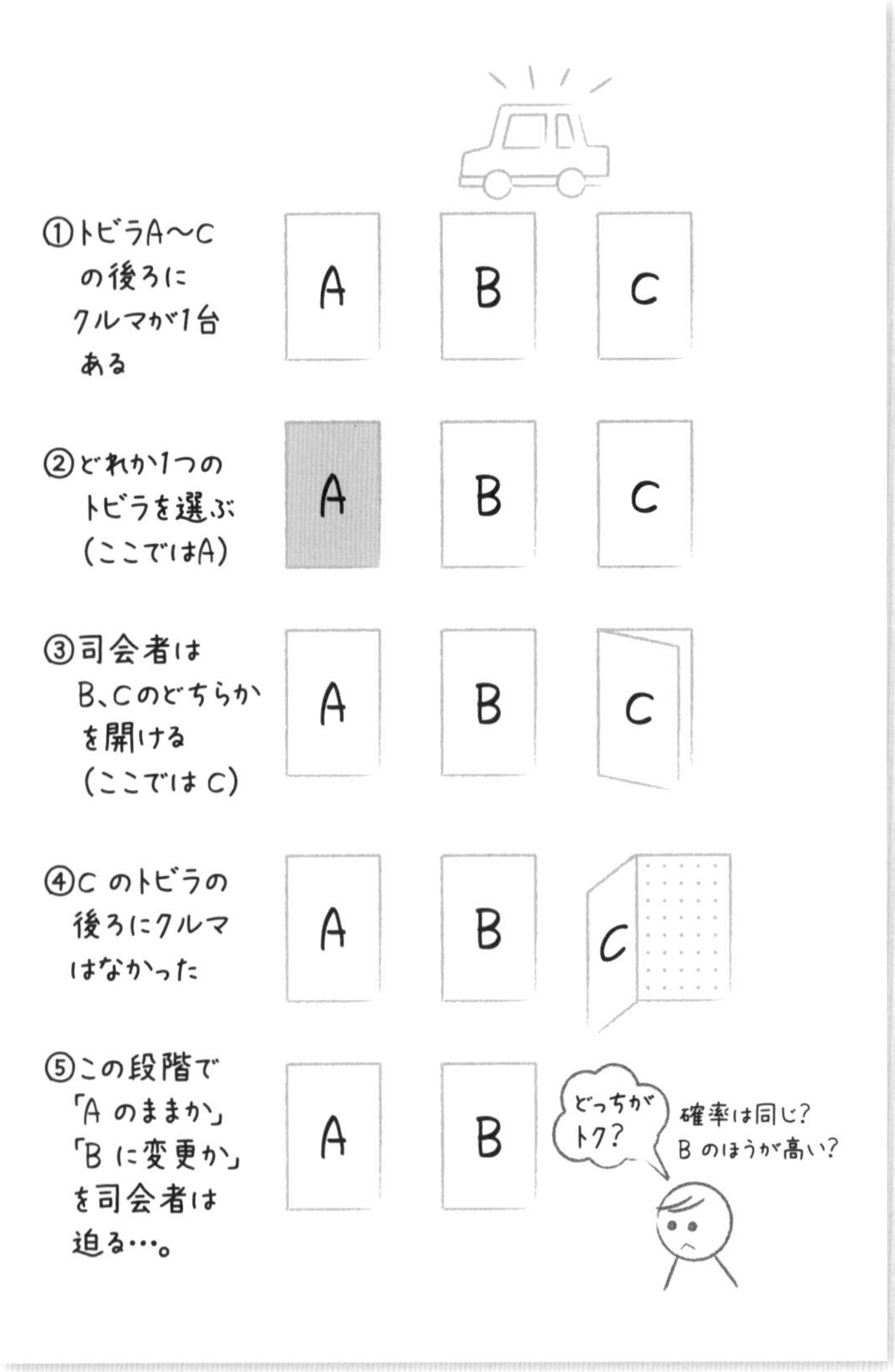
①トビラA〜Cの後ろにクルマが1台ある
A
B
C
②どれか1つのトビラを選ぶ(ここではA)
A
B
C
③司会者はB、Cのどちらかを開ける(ここではC)
A
B
C
④Cのトビラの後ろにクルマはなかった
A
B
C
⑤この段階で「Aのままか」「Bに変更か」を司会者は迫る…。
A
B
どっちがトク？
確率は同じ？
Bのほうが高い？

が、いまならトビラを選び直すことができます。さぁ、どうしますか？　Ａのままでもいいですし、Ｂに変更してもいいですよ」と迫る。

◆情報が入ると、確率は変わる？

ここで考えてもらいたいのは「確率の変化」である。Ｃのトビラはハズレであることがわかった。当初、Ａ、Ｂ、Ｃのどれもが当たる確率は「１／３」のはずだったが、Ｃの可能性は消えたのだから、Ａ、Ｂの確率も変わったと考えていい。

いまや、当たりはＡかＢのどちらかにしかない。ＡもＢも、それぞれ１／３の確率から１／２に変化したと考えていいだろうか？

もし、当たる確率がＡもＢも、ともに「１／２ずつに変化した」と考えると、「変更の必要なし」となる（気まぐれ、あるいは何らかの勘での変更は別として）。

しかし、ここである女性が「Ａは１／３の確率のままであり、ＢはＣのハズレによって２／３になった。このため、ＡからＢに変更することで確率は２倍になる」と主張した。

論拠は、次のようになる。最初Ａ～Ｃはそれぞれ１／３の確率だったが、回答者が選んだＡの当たる確率は１／３、選ばなかった２つ（ＢとＣ）を合わせた確率は２／３。そのうちのＣに賞品が入っていなかったのだから、Ｂは２／３になった（Ｃの確率が追加され

Cでないとすると、AとBの確率＝1／2ずつ？

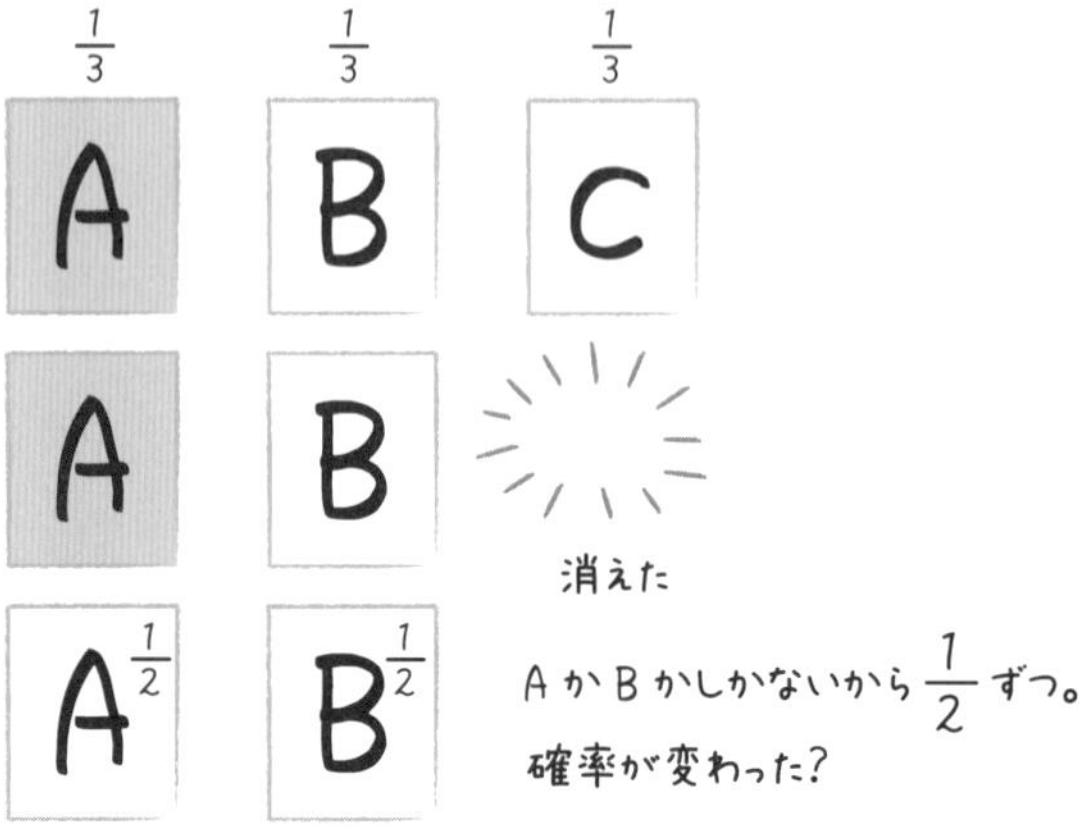

た）。だから、「回答者はトビラを変更したほうが、当たる確率は2倍になる」ということである。

それに対して、何人かの数学者が「確率はAもBも1／2ずつであり、変更することで2倍になることはあり得ない！」という反論をしたため、思わぬ論争となった。

ちなみに、「モンティ・ホール問題」とは、この番組の司会者モンティ・ホールの名前に由来している。

はたして結果は？

一見すると女性の主張のほうが論理的で、数学者の主張のほうが感覚的に見える。「AとBの確率が等しく1／2である」と主張したのが数学者だったので、ちゃんと理屈があるように思われたのだろう。

だが、確率が苦手な数学者も少なくない。理屈だけではなかなか決着がつかなかったが、どちらが正しいかはあっさりと決まった。コンピューター・シミュレーションによって、「変更したほうが、当たる確率が2倍増える」という女性の主張が正しいことがわかったのだ。日本でもNHKの番組『ためしてガッテン』がこの話題を取り上げ、多くの人を使って実演してみせた。

しかし、実感からすると「やっぱりBだけ確率が増えるというのは変だ…。1/2ずつではないのか?」と思う人も多い。なぜ、(数学者も含めて)多くの人が確率判断を間違えたのだろうか。そこで、納得してもらえるように、筆者も簡単なシミュレーション結果を次ページにまとめてみた。

まず、状況を確定するために、回答者が最初に選んだトビラを「●」、司会者が開けた(ハズレの)トビラを「・」、クルマの置かれているトビラを「◎」とする。そうすると、次のようになる。

①の列……最初に選んだトビラのままで、変更しない時の当たり回数

②の列……ハズレトビラを見た後、最初に選んだトビラを変更した時の当たり回数

選ぶトビラ、当たりのトビラの位置をA~Cでランダムに置き変えてみた。ランダムに見えないと思ったら、読者も同じような表をつくって試してみてほしい。27回やってみた

小規模にモンティ・ホール問題をシミュレーションする

	Aのトビラ	Bのトビラ	Cのトビラ	①トビラを変更しない時の当たり	②トビラを変更した時の当たり
1	・	●	◎		★
2		・	●◎	★	
3	●◎		・	★	
4	・	●	◎		★
5	・	●◎		★	
6	●	◎	・		★
7	◎	●	・		★
8	・	●	◎		★
9	・	◎	●		★
10	●	◎	・		★
11	◎	・	●		★
12	・	●	◎		★
13	・	◎	●		★
14	●	◎	・		★
15		・	●◎	★	
16	・	◎	●		★
17	◎	●	・		★
18	●	◎	・		★
19	●	◎	・		★
20	●	・	◎		★
21		・	●◎	★	
22	・	●◎		★	
23	・		●◎	★	
24	◎	●	・		★
25	●◎	・		★	
26	◎	・	●		★
27	◎	・	●		★
●＝最初に選んだトビラ　・＝ハズレトビラ　◎＝当たりトビラ				8回	19回

9999から1つ選ばれても「1／2」か？

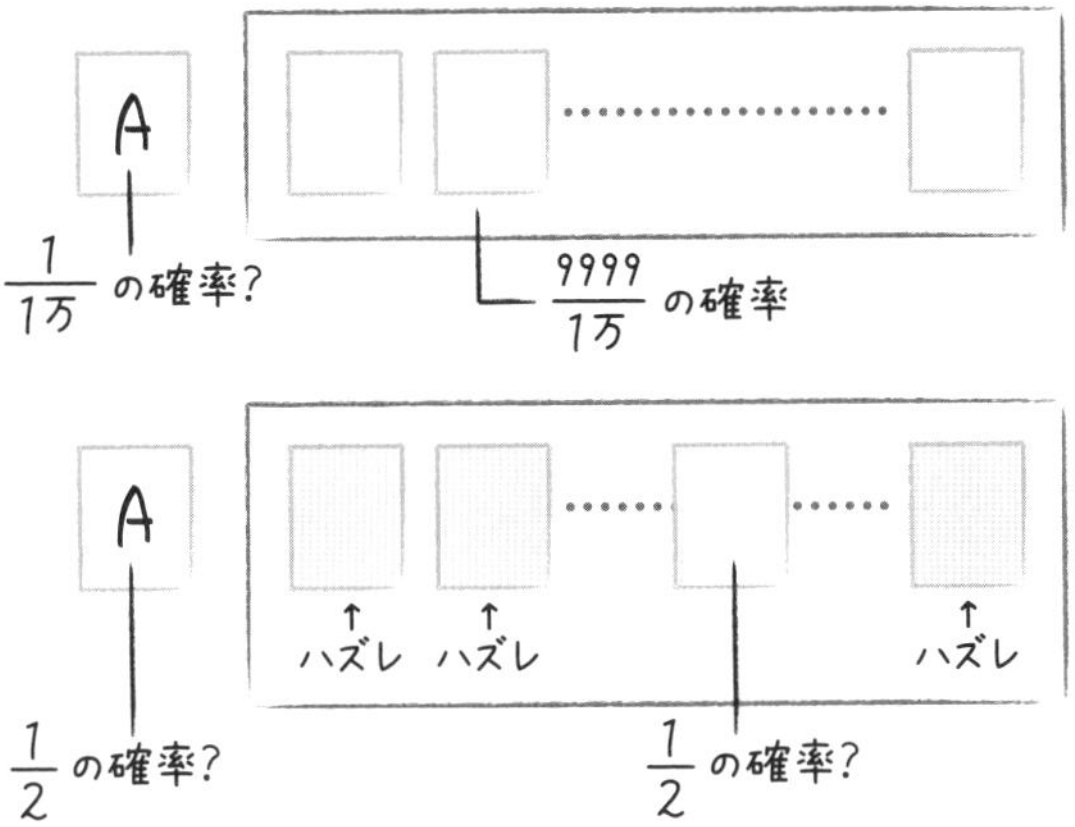

ところ、回答者が最初にクルマの位置を当てたのが8回になっている。1／3の確率とすると9回だから、大きく偏ってはいないと思う。

こうして見ると、「②は①の2倍強」になっており、小規模なシミュレーションながら、変更したほうが当たる確率が高くなりそうだということがいえそうだ。

1万のうちの9999の確率は高い！

もう1つ、「なるほど」と実感してもらえそうな説明がある。それは、3つではなく1万ものトビラから選ぶと考えてみるのだ。あなたが1万のトビラの中からAを選んだ段階では、当たりの確率はたった1万分の1である。残り9999枚の中に当たりが入っている確率は1万分の9999であるはずだ。

さて、司会者が残り9999枚のうち、9998

枚のハズレのトビラをオープンし、1枚だけ残す。そうすると、残りはあなたの選んだトビラも含めて2枚だ。その時、あなたが選んだAのトビラは、1万分の1から1／2になったと喜ぶのは不自然ではないだろうか。司会者が9999枚から1枚だけ残したトビラの後ろに賞品が隠れている可能性が高い、と誰もが実感するはずだ。このように考えると、正確な確率と実感とが合致した、といえるだろう。

PART 3

「数の後ろに隠された法則」を発見せよ！

01

「フェルマーの最終定理」は本の余白に書かれた

数学史に名を残したフェルマーの職業は？

フェルマー予想（フェルマーの最終定理／フェルマーの大定理）が、イギリスのアンドリュー・ワイルズによって４００年ぶりに証明された——そんなニュースが20世紀の終わりに数学界を駆け巡った。ピエール・ド・フェルマー（１６０７〜１６６５、フランス）は数学者というより、法律関係の仕事をしながら趣味として数学を研究した人だった。この頃はまだ「数学者」という職業が確立していなかったということでもある。

その時代はグーテンベルクが１４５０年代に活版印刷技術を発明して2世紀ほど経った頃で、聖書、ギリシアやラテンの古典をはじめ、数学の古典も次々と印刷されるようになっていた。

余白が狭すぎて……

フェルマーの本への書き込みがすべての出発点だった

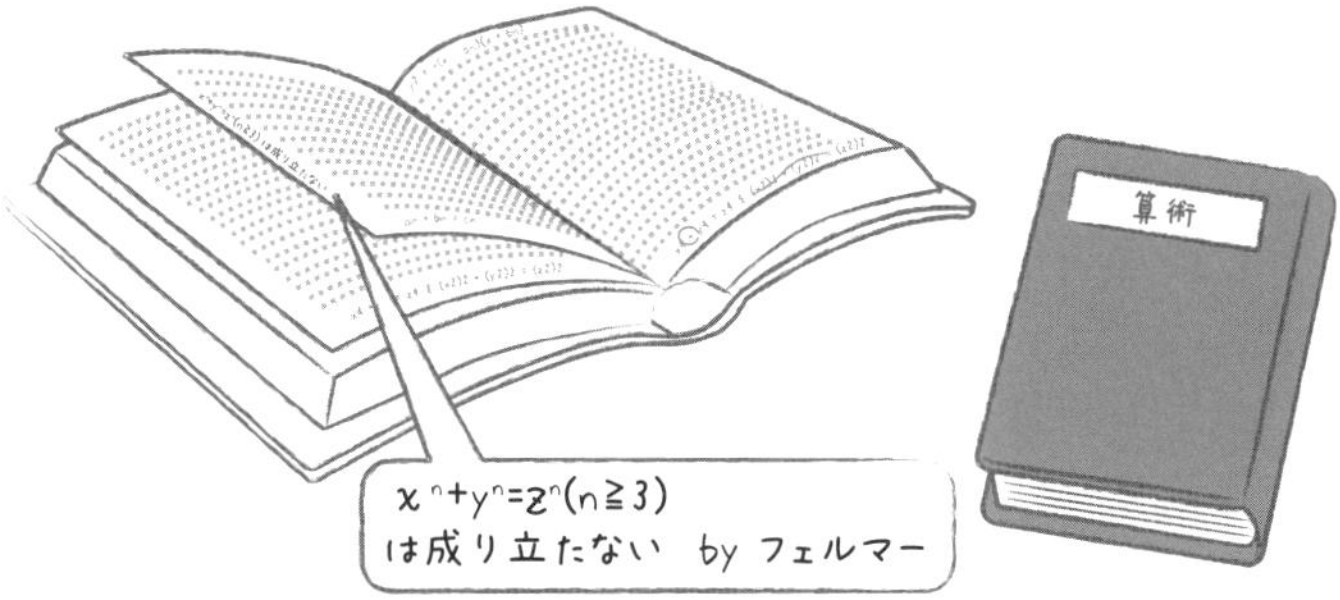
算術
$x^n+y^n=z^n$ (n≧3)
は成り立たない by フェルマー

フェルマーは代数の父と称されるディオファントスの『アリスメティカ（算術）』という本を読みふけりながら、その内容に関連して彼自身が発見した定理を、その本の狭い余白に書き込んだのである。

フェルマーの死後、息子サミュエルによってこの余白のメモも含めた本が出版され、48もあるとされる「定理の予想」が世に明かされた。その多くは、その後しばらくしてライプニッツやオイラー等によって証明されていった。

ところが、「フェルマーの最終定理」と呼ばれるこの予想だけは、フェルマーの死後３００年以上経っても証明されなかった。証明の過程で多くの数学の概念や理論が生まれたこともあって、その定理が持つ数学的な価値以上に、この「最終定理」という予想が世界的に有名になったのである。

フェルマーの最終定理 $x^n+y^n=z^n$ とは？

中学校で習うピタゴラスの定理を思い出してほしい。

直角三角形の三辺の間に $x^2+y^2=z^2$ という関係があるというもので、これを満たす整数の組は(3、4、5)や(5、12、13)をはじめ無数にある。しかし、2乗ではなく、3乗、4乗になったら、いや3以上の何乗であっても、この等式を満たす整数の組は(0、0、0)以外にはない——フェルマーにはいくつかの「予想」があるが、この予想こそがフェルマーの最終定理(大定理)である。つまり、正の整数 x、y、z に対して、「$x^n+y^n=z^n$ $(n \geqq 3)$ は成り立たない」となる。フェルマーは「私は真に驚くべき証明を見つけたが、この余白はそれを書くには狭過ぎる」という有名な文言だけを書き残した。このために、後世の数学者たちが「本当にフェルマーのいう通りなのか、あるいは勘違いなのか」と挑戦することになった。

形を見てもわかる通り、これはピタゴラスの定理に似た方程式の解の存在問題である。実にシンプルな定理であることも手伝って、アマチュア数学家も数多く挑戦することになった。

フェルマーの死後330年経った1994年にアンドリュー・ワイルズが証明に成功した時、彼はすでに40歳を超えており、数学界最高の栄誉であるフィールズ賞(受賞資格は40歳まで)を受賞することはできなかったが、子供の頃にフェルマーの定理に胸躍らせて数学者になった彼には、受賞以上に大きな栄誉だったことだろう。

02 「ディオファントスの問題」に当時の手法でチャレンジ！

謎だらけのディオファントス

フェルマーが愛読してやまなかったディオファントスという数学者は、一体どのような人だったのだろうか？　彼は「アレクサンドリア（エジプト）に住んでいたことがある」としかわかっていない、何とも謎多き人物だ。まず第一に、生没年からして不詳だ。一説には、生年が２００～２１４年で、没年が２８４～２９８年くらいとされている。

唯一、彼について知られているのが、「ディオファントスの墓碑銘」と呼ばれる問題だ。これは5～6世紀頃の『古代ギリシア詞華集』という本の中に書かれたもので、実際にそういう墓碑を見たという記録は残っていない。現存していないが、古代ローマのキケロの「墓を見た！」という記述が残されているアルキメデスと、どちらが幸せだろうか。

それはともかく、実はディオファントスの墓碑銘は詩の形式で書かれていて、ディオファントスが亡くなった時の年齢を当てる問題になっている。関係するところを抜き出してみよう。

神は彼に人生の１／６を少年期として与え、１／12の青年期の間に顎髭《あごひげ》を伸ばし、それから１／７を経て結婚に至り、５年後には息子を授かった。ところが悲しいことに父親の人生の半分の歳を重ねた時、息子は運命に召された。この不幸を慰めて４年後、彼は死んだ。

では、解いてみよう。彼の人生の長さがx年だったとする。データから方程式を立てると、次のようになる。

$$x=\frac{x}{6}+\frac{x}{12}+\frac{x}{7}+5+\frac{x}{2}+4$$

これを解いてみると、ディオファントスは84歳まで生きたということになる（次ページ参照）。

◆昔の「単位分数」の方式で解いてみる

方程式の解き方を習っていれば中学生でも簡単に解ける問題だが、この詩が書かれた頃

ディオファントスの墓に書かれていた問題

神は彼に人生の1/6を少年期として与え、1/12の青年期の間に顎髭を伸ばし、それから1/7を経て結婚に至り、5年後には息子を授かった。ところが悲しいことに父親の人生の半分の歳を重ねた時、息子は運命に召された。この不幸を慰めて4年後、彼は死んだ。

まず式を立ててみよう。ディオファントスの人生を x 年とすると、この墓碑銘から、

$$x = \frac{x}{6} + \frac{x}{12} + \frac{x}{7} + 5 + \frac{x}{2} + 4$$

となる。分数計算は面倒なので、まず12を両辺に掛けると、

$$12x = 2x + x + \frac{12x}{7} + 60 + 6x + 48$$

これを解いていくと、

$$108 = 3x - \frac{12x}{7} = \frac{(21 - 12)x}{7} = \frac{9}{7}x$$

両辺を9で割ると、

$$12 = \frac{x}{7}$$

こうして、$x = 84$ となる。

は文字式はなかった。まして、次ページのように式を変形して解を求めるなどというありがたい技術もない。自然数の加減乗除があるだけで、除法も余りつきの整数の割り算ができるだけであった。だから、当時としてはこの墓碑銘の問題を解くには高度な技術を必要とした。

では、どうやって彼らは解いたのか？　当時と同じ計算技術で解いてみよう。現在と同じ分数はなかったが、古代エジプト時代からの伝統として、**単位分数**というものはよく知られていた。「1／x」という形の分数である。ただ、古代エジプトでは独特な使い方をしていた。たとえば、現代なら「2個のものを3人で割ったら、2／3個ずつ」という場合、それを「1／x」という形で表わすには、

$$\frac{2}{3}=\frac{1}{3}+\frac{1}{3}$$

とする。しかし古代エジプトでは

$$\frac{2}{3}=\frac{1}{2}+\frac{1}{2}\times\frac{1}{3}=\frac{1}{2}+\frac{1}{6}$$

のように異なる単位分数で表わす習慣があり、このため2／3や2／5という値を「異なる単位分数の和」に表わした結果を表に残していた。だから、このディオファントスの墓

単位分数の考え方

$$\frac{2}{3}=\frac{1}{3}+\frac{1}{3}\text{とせず、}\frac{2}{3}=\frac{1}{2}+\frac{1}{2}\times\frac{1}{3}=\frac{1}{2}+\frac{1}{6}$$

のように最初に単位分数として最大の数値を考え、それに不足する単位分数を加えていくのが古代エジプト流の単位分数。

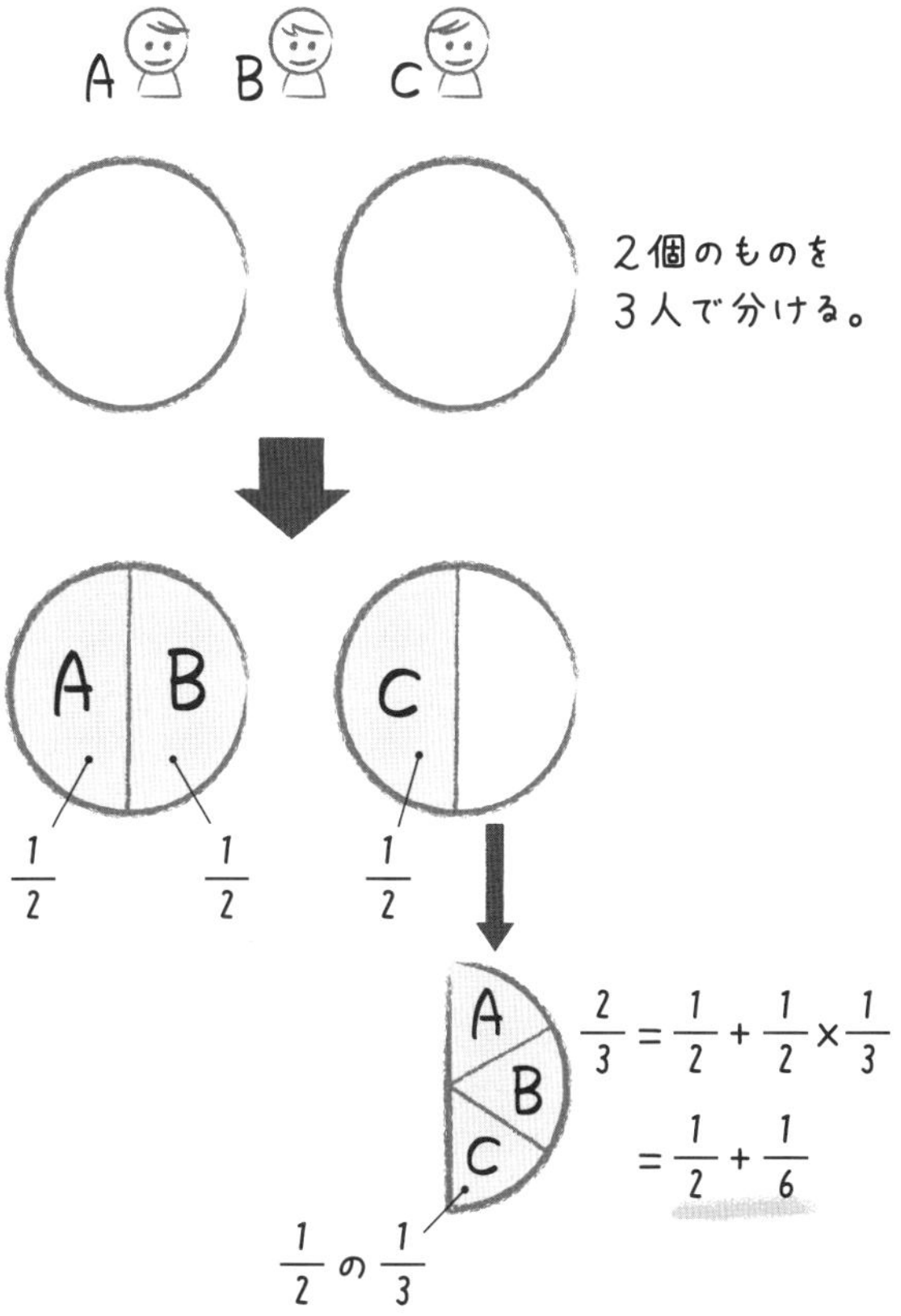

碑銘にも1／xという形でしか現れてこない。

とすると、「1／x」という形で表わされるものこそ数であるという意識があるのが自然で、未知数であるディオファントスの没年齢の「1／x」という値は整数と考えられていたと思ってよい。よって、1／6、1／12、1／7、半分（1／2）という値は整数であると推定できる。つまり、求める値は6、12、7、2の公倍数のはずである。

　これらの数の最小公倍数は12×7=84である。84の次の公倍数は１６８だが、こんな長寿な人はあり得ないので、答えは84である。検算すれば、次のようになる。

$$\frac{84}{6}+\frac{84}{12}+\frac{84}{7}+5+\frac{84}{2}+4=14+7+12+5+42+4=84$$

◆墓碑銘の問題は「約数の多さ」に着目してつくられた？

　しかし、検算して正しくなかったらどうすればいいのかわからない。5や4という値を変えれば方程式は成り立たなくなるが、それでも整数性から出てくる答えは84である。そういう場合は、「問題自体が間違っていた！」ということになるのだろうか。数値を変えれば問題として不成立だ。これは筆者の想像だが、先に84に約数が多いことに着目し、人生のそれぞれの時期が84の何分の1になるかと設定して問題そのものがつくられたのではないか。

同じように、日本の代数学の父ともいうべき高木貞治（１８７５〜１９６０）の生涯を問題にしてみると、次のようになる。

「人生の１／12と2年の間を生まれ故郷の村に育ち、１／7を学校で学び、ドイツに行ってから１／12経って教授になり、１／３と４年の間を教授として君臨し、１／３に４年満たぬ間、栄誉に満ちた人生を送って死す」

$$\left(\frac{x}{12}+2\right)+\frac{x}{7}+\frac{x}{12}+\left(\frac{x}{3}+4\right)+\left(\frac{x}{3}-4\right)=x$$

高木貞治の場合、ディオファントスとは違ってその人生が詳しくわかっているので、勝手なことは書けない。そのため、あまり綺麗な問題には仕上がらなかったが、答えはディオファントスと同じ84歳である。源義経、源頼朝、豊臣秀吉、徳川家康など歴史上の人物で、あれこれ考えてみるのも面白い作業だ。

03 秀吉の転覆図る？ 曽呂利新左衛門の数列の知恵

1粒、2粒、4粒……を百日間？

秀吉の周辺にはたくさんのエピソードがある。曽呂利新左衛門《そろりしんざえもん》という、伝説的なとんち話で有名な知恵者がいた。秀吉の御伽《おとぎ》衆（政治や軍事の相談役）としてさまざまな逸話が残っている。たとえば「猿に似ているといわれて困る」と嘆く秀吉に、「猿のほうが殿下を慕って似せたのです」と笑わせたという。織田家の小物時代から猿面冠者というあだ名だったのか、それ以前からなのかは不明だが、同僚や上役、それに敵からもいわれたことは事実だったらしい。

ある時、秀吉が新左衛門に「何でも好きなものを褒美に取らせよう」といった。すると新左衛門は、

「今日は米1粒、翌日には倍の2粒、その翌日にはさらに倍の4粒……と、1日ずつ倍の量の米を百日間いただけませんか？」と答えたという。

欲のないことだと思いつつも、秀吉は笑いながら承諾した。米粒なら百日くらい倍々ゲームになっても、大したことはないと思ったのだ。そこで、「まとめてもらったらどうか」と新左衛門に勧めたが、「少しずつでも、毎日いただくのが嬉しいのです」と断った。

ところが数十日経つと、百日後には豊臣政権のすべての米蔵を空にしても足りない莫大な米粒の量になると気づいた蔵奉行からの奏上で、秀吉が新左衛門に許しを請うたという。

◆数列の和で計算すると……

蔵奉行になったつもりで計算してみよう。たとえば、10日後にもらう米粒の数は次の計算から、１０２３粒である。

$1+2^1+2^2+2^3+2^4+2^5+2^6+2^7+2^8+2^9$

$=1+2+4+8+16+32+64+128+256+512$

$=2^{10}-1=1024-1=1023$

これは、

$1+2^1+2^2+2^3+2^4+2^5+2^6+2^7+2^8+2^9$

$=2^{1-1}+2^{2-1}+2^{3-1}+2^{4-1}+2^{5-1}+2^{6-1}+2^{7-1}+2^{8-1}+2^{9-1}+2^{10-1}=2^{10}-1$

と書き表わせるから、百日目までの計算というと、

1日目、2日目、……、n日目の米の総数は？

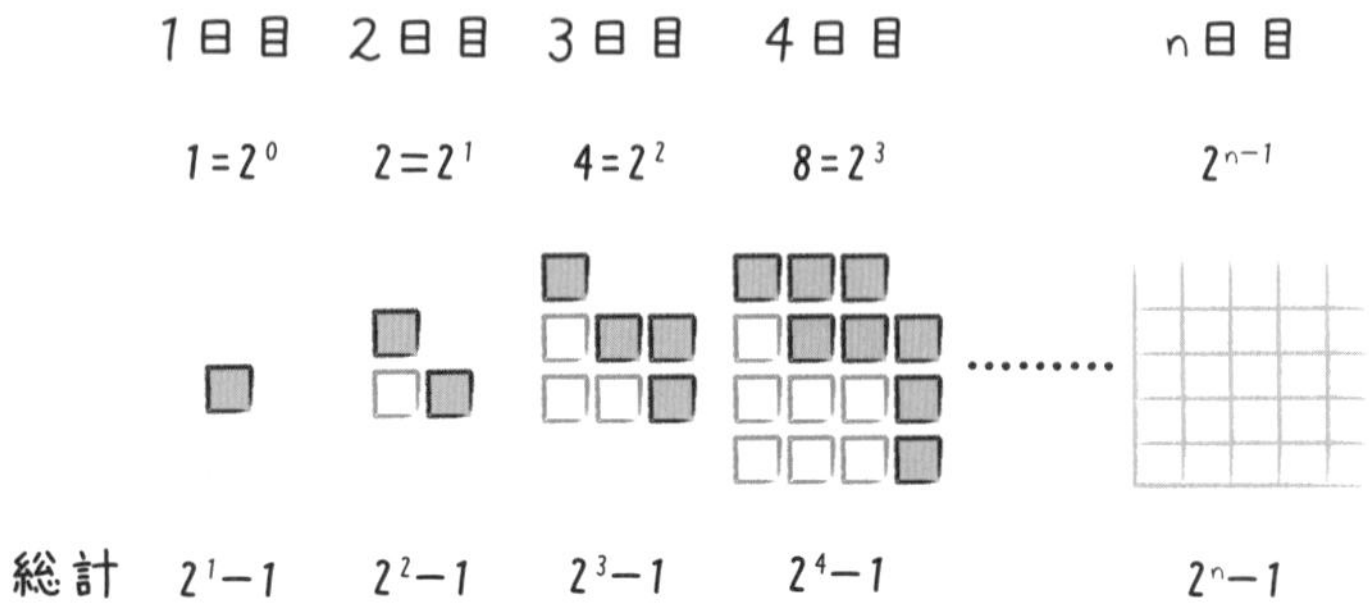

$1+2^1+2^2+2^3+2^4+2^5+2^6+2^7+2^8+2^9+\cdots\cdots+2^{100-1} = 2^{100}-1$

となる（このような2^n-1の形の自然数をメルセンヌ数という）。いったいどれくらい大きな量になるか想像もつかない。そこで、２の累乗を10進法で概算する時の便利な方法で計算してみよう。

$2^2=4$　$2^4=(2^2)^2=16$　$2^8=(2^4)^2=(16)^2=256$

$2^{10}=2^2\times2^8=4\times256=1024$

よって、$2^{10}=1024$　とわかる。

これでだいたい、$2^{10}\fallingdotseq10^3$とわかったので、大きな数でも、およそどのくらいか推測がつく。

米を数える単位に変換してみよう。米は、「合《ごう》、升《しょう》、斗《と》、石《こく》」で量ることが多い。１合マスには約６５００粒が入るという。2^{10}で約１０００だったので、６５００粒（１合）を超えるには、2^{13}あれば十分だと予測がつく（およそ８０００になる）。つまり、13日目には１合以上になるということだ。

10合＝1升で、10升＝1斗で、10斗＝1石である。つまり、1石＝1000合なので、これも「2^{10}」だ。2^{23}粒は1石を超える。だから、100万＝10^{6}はほぼ「2^{20}」なので、2^{43}＝2^{23+20}は百万石、つまり後の加賀藩の年収を1日で受け取ることになる。

この計算でいくと、100日後を待つことなく43日後で百万石。その前に事の深刻さがわからない蔵奉行などいるわけがない。上申を受けた秀吉の顔色はきっと変わっただろう。

100日目の米粒は百万石以上？

０４ なぜ、少年ガウスのエピソードは神格化されるのか

◆「1~100」までをあっという間に計算した発想とは

人類最大の数学者の１人であるガウス（１７７７~１８５５）が小学生の頃の話。先生は授業の前にやることがあったので、子どもたちをおとなしくさせるために「１から１００までの数を足して答えを出しなさい」という課題を与えた。子どもたちはしばらく不満をいっていたが、やがて計算を始めて静かになったので、先生はその間に仕事をしようとした途端、ガウス少年が手を上げて「先生、できました。５０５０です」といった。

「おや、ガウスくんは前にも計算したことがあったのかい？」と聞くと、少年は「いま、計算したんです」と答える。驚いた先生はガウスにどう計算したのかを聞いてみたところ、黒板に次ページの図を書いてみせて「１０１になるペアが50個あるので、101×50=5050になります」といってのけた、という話である。

実に有名なエピソードだが、これは「等差数列の和」を求めるもので、ガウスに限らず、

ガウスの「△▼＝平行四辺形」の発想法

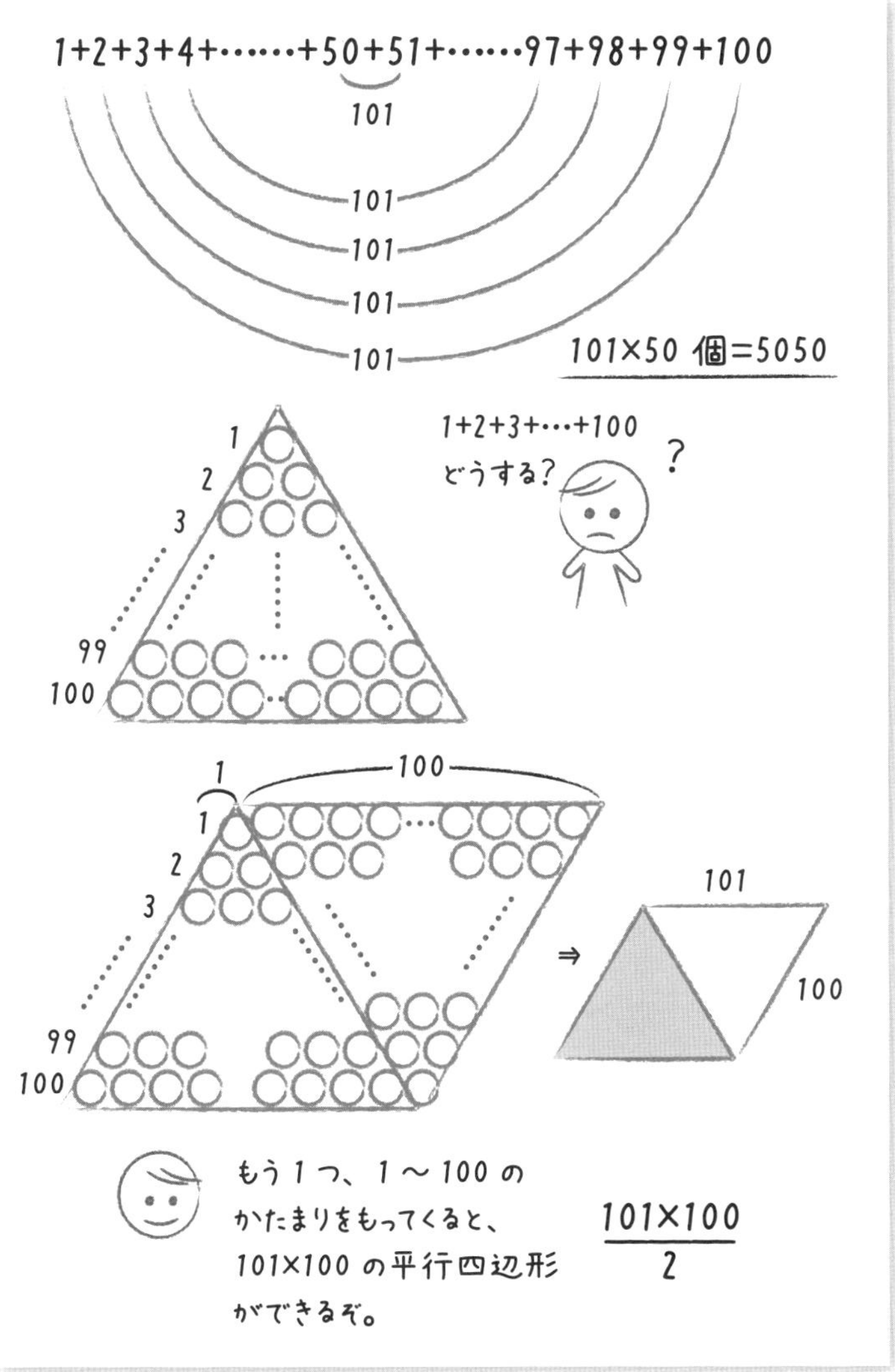
1+2+3+4+……+50+51+……97+98+99+100
101
101
101
101
101
101×50 個=5050
1+2+3+…+100
どうする？
?
1
2
3
99
100
1
100
1
2
3
99
100
101
100
⇒
もう 1 つ、1 ～ 100 の
かたまりをもってくると、
101×100 の平行四辺形
ができるぞ。
101×100
2

『塵劫記』の俵算（13俵～1俵まで）

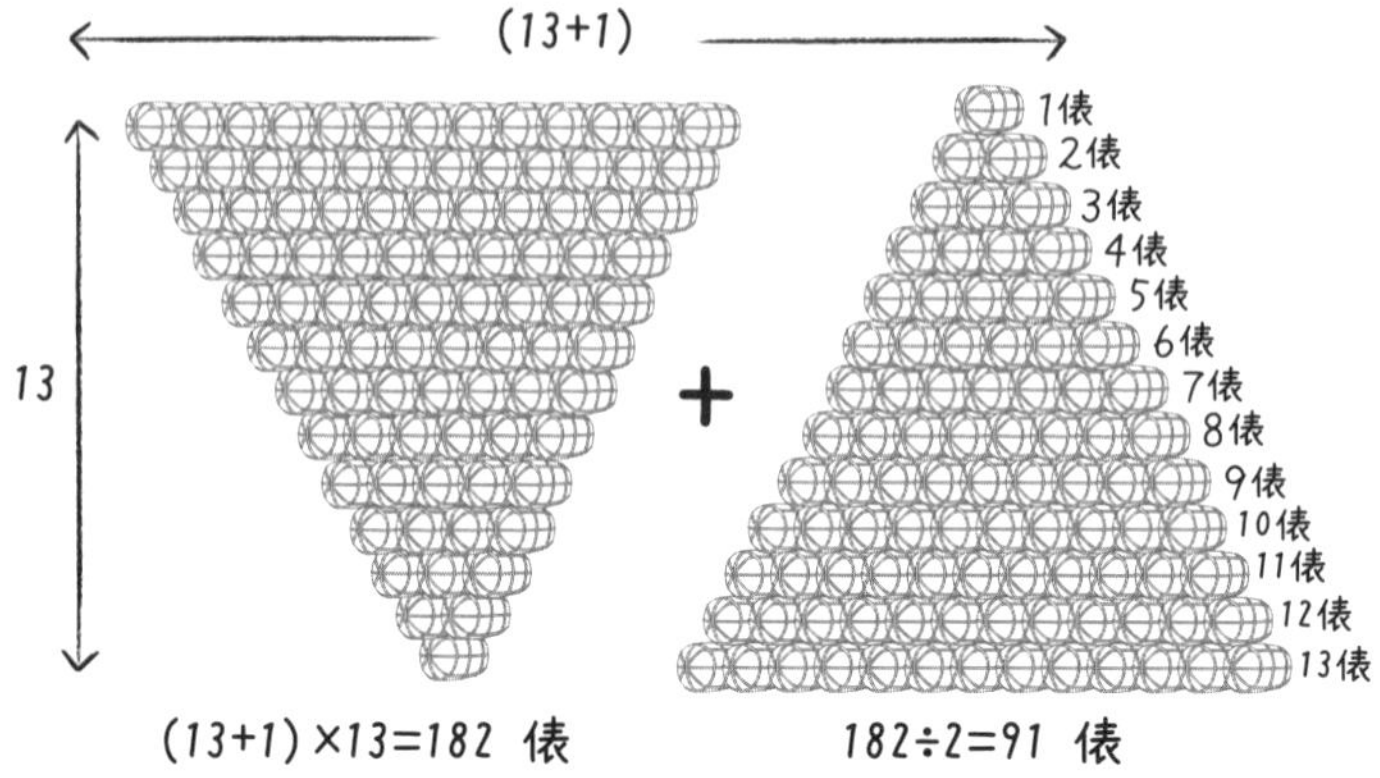

さまざまな天才のエピソードとして語られることがある。当然、ガウス以前から日本でも広く知られていた。

『塵劫記』に書かれていた俵算

吉田光由《みつよし》（１５９８～１６７３）は有名な豪商・角倉了《すみのくらりょう》以《い》の孫で、江戸期の数学書のベストセラーである『塵劫記《じんこうき》』の著者である。ガウスよりも前の時代の人物である。

『塵劫記』にある俵杉算《たわらすぎざん》は、一番下が13俵、その上が12俵……と一番上が1俵になるように順に俵を積み上げていく時、「全部で何俵になるか」という問題である。

そこでは、同じように積み上げた俵を上下反転させて隣に置いて平行四辺形をつくる。下底（上底も同じ）が14俵で、それが13段あるので、14×13＝

『塵劫記』の俵算（18俵～8俵まで）

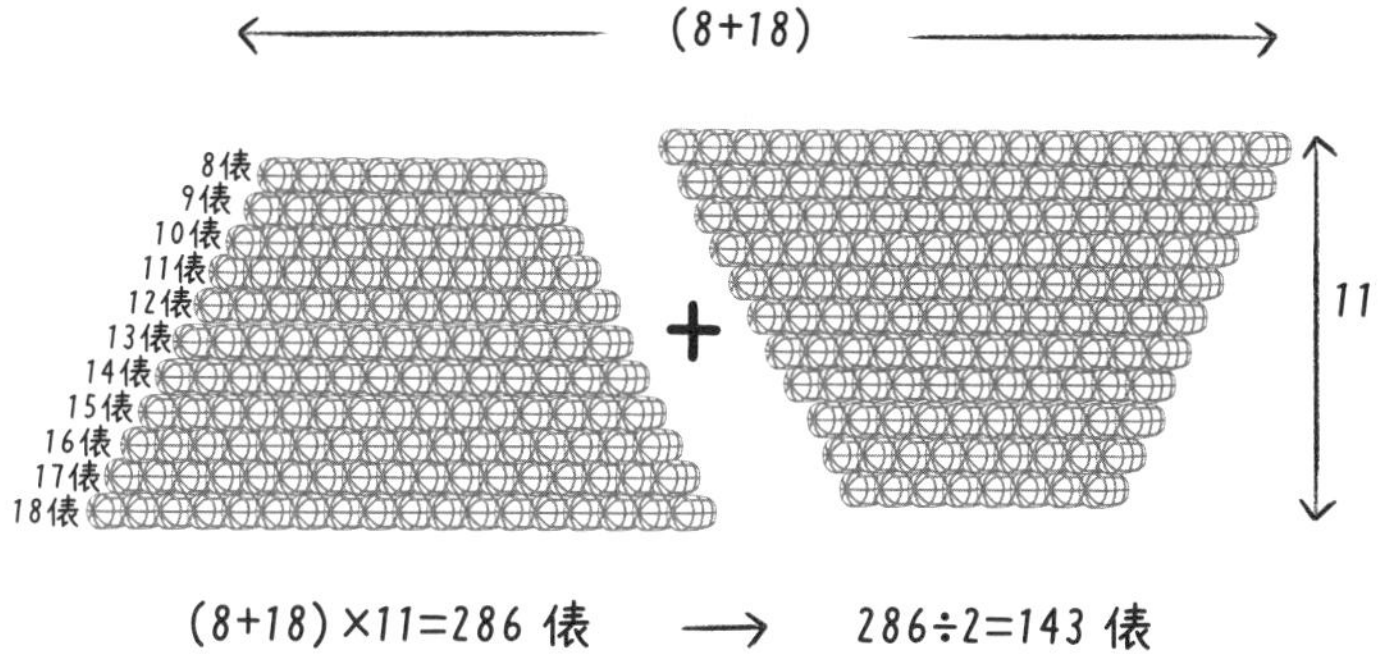

182俵で半分の91俵が答えである。

『塵劫記』では13段の俵だったが、これを１００段に置き換えたものがガウスのケースである（１００段も積めば下の俵は潰れてしまうだろうが、それは考えない）。

さて、ガウスと同様、同じように平行四辺形をつくれば、

$$\frac{(100+1)\times 100}{2}=5050$$

『塵劫記』には、俵算を変形した問題も掲載してある。

「米俵が台形状に積み上げてある。最上段には8俵、最下段には18俵ある時、全部で何俵か」

これも考え方は同じで、上下ひっくり返した台形を横に並べる。平行四辺形の底辺にある俵は8+18=26俵である。問題は段数だが、18−8+1=11

であり、同じようにして、

$$\frac{26\times11}{2}=143\text{（俵）}$$

が答えである。

平行四辺形にはせず、その上に「仮想の大きな三角形」を考え、そこから「仮想の小さな三角形」を引くという発想でもできる。そうすると、底辺が18の三角形から底辺が7の三角形を引くことになるから、

$$\frac{18\times19}{2}-\frac{7\times8}{2}=9\times19-7\times4=143$$

となる。

俵の数から、逆に積み上げ方を考えるという問題もある。『塵劫記』にはないが、その後の和算書、邨《むら》井《い》中漸《ちゅうぜん》の『算法童《さんぽうどう》子問《じもん》』（１７８４年刊）にある。

「米俵が３２４俵ある。過不足なく台形に積み上げるには、最上段と最下段には何俵積めばよいか」

2倍して（仮想的に）平行四辺形に積むという解法を踏まえると、324×2=648 俵となる。

ここで少し予備的考察がいる。最下段が x 俵で、段数が y 段だとすると、最上段は $x-y+1$

『算法童子問』の俵算の逆問題

$2x-y+1$	81	27	72	216	648
y	8	24	9	3	1
x	44	25	40	109	324
$x-y+1$	37	2	32	107	324

俵だから、

$$648=\{x+(x-y+1)\}\times y=(2x-y+1)\times y$$

となる。yが偶数なら、$2x-y+1$は奇数だ。yが奇数なら$2x-y+1$は偶数である。

そこで、６４８を偶数と奇数の積に分解してみると、

$$648=8\times81=24\times27=72\times9=216\times3=648\times1$$

となる。最上段も1俵以上なので、

$$x-y+1\geqq1 \Leftrightarrow x\geqq y$$

となり、候補は上表のように5パターンとなる。すべて可能な積み方だが、最後のものは平積みで台形でないということもできるので、『算法童子問』では解にはなっていない。よって、４パターンである。

05 三角数と四角数の関係性

三角数、四角数とは

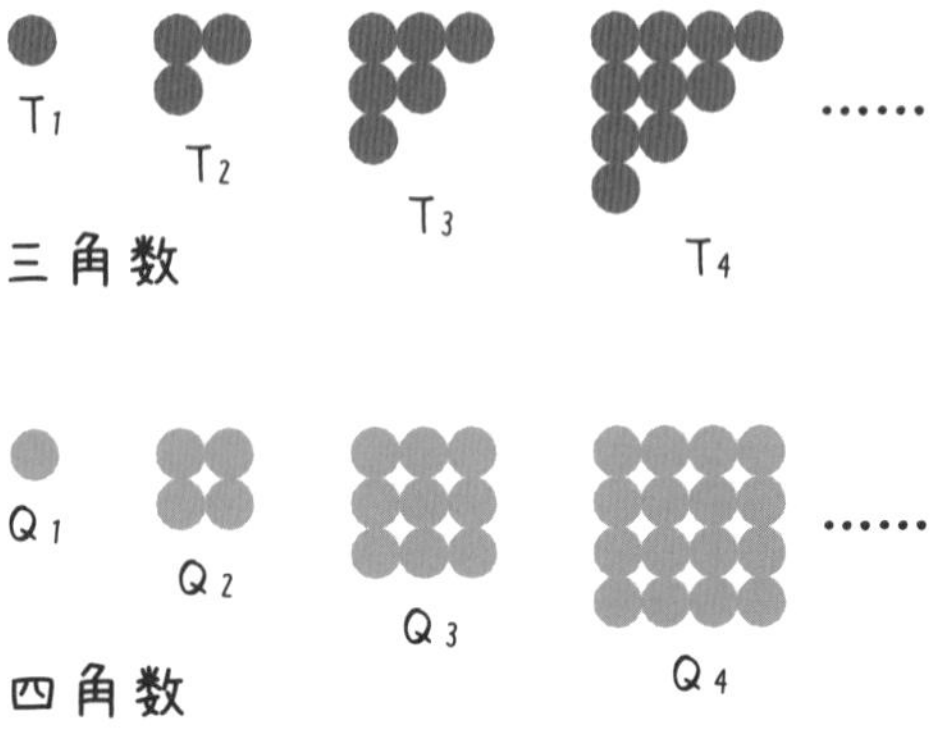

◆三角数とガウスの発想の共通点

前節で、ガウス少年が行なった数列の計算は「昔からよく知られていた」と述べたが、実は古代ギリシアの時代からわかっていた。

上図を見てほしい。碁石のように形の揃った小石で三角形をつくる。1辺が1、2、3……の三角形の小石の数を**三角数**という。それをT_nと表すことにしよう。1辺が2の三角数であればT_2とする。同様に1辺が1、2、3……の四角形の小石の数を**四角数**といい、Q_nと表す。1辺が3の四角形ならQ_3とする。

三角数と四角数の関係はガウス少年の逸話につながる

n	1	2	3	4	5	6	7	8	9	10
三角数 T_n	1	3	6	10	15	21	28	36	45	55
四角数 Q_n	1	4	9	16	25	36	49	64	81	100
五角数 P_n	1	5	12	22	35	51	70	92	117	145
六角数 H_n	1	6	15	28	45	66	91	120	153	190

同様に、五角形では五角数P_n、六角形では六角数H_nと表し、これらを一般に**多角数**と呼ぶ。実際に図を描いて数を求めると上表のようになる。四角数はn^2であることはすぐにわかる。三角数は前節で俵を正三角形の形に積んで求めたものと同じだが、これを直角2等辺三角形の形に積むのである。

この三角数、四角数の間の関係を見ていくと、ガウス少年の発想と同じことに気づくはずだ。というのは、たとえば前ページの図で、T_4とT_3を合わせると、$Q_4=16$となる。だから、$T_4+T_3=4^2$となる。同様に$T_n+T_{n-1}=n^2$がわかる。つまり、1辺がnの正方形（四角数）を対角線で2つに分けると（ただし、対角線は一方の側に入れる）、その四角数は連続する三角数の和になる。ガウスや『塵劫記』の計算法と同じ発想である。

◆ガウスの偉大な証明

このようなことが古代ギリシアの時代から伝わっていたとすると、なぜガウス少年の逸話がこれほどまでに誇らしげに語られるのかふしぎになってくる。「少年だったから……」というよりも、この分野の創始者であるかのように語られるのは疑問を抱くだろう。

その理由は、「すべての自然数はたかだかn個のn角数の和である」という定理に関係している。これはフェルマーによって１６３８年に定式化されたためにフェルマーの多角数定理と呼ばれる。n＝３の場合を特に**三角数定理**（任意の自然数は３つ以下の三角数の和に書ける）というのだが、それを１７９６年に証明した人物こそがガウスだったのである。

四角数については１７７２年にラグランジュが証明しているが、同じことが「任意の自然数は４つ以下の平方数の和に書ける」という形で知られているので、いまは四角数という意識はないだろう。

三角数定理の証明をガウスが行なったことと、整数論に対する彼の貢献の大きさから、英雄伝説が少年時代のエピソードとなったと思われる。伝説となるには、それなりの理由が隠されているのである。

06 フィボナッチの金貨問題

フィボナッチの生い立ち

フィボナッチ数列という特殊な数列に名前を残しているイタリアの数学者、フィボナッチ。彼は１１７０年頃、イタリアのピサで生まれた。ピサは、ヴェネツィアと並ぶ中世イタリアの４大海洋国家の１つ。ピサの斜塔の第１期工事は１１７３～１１７８年とされているので、まさにピサの斜塔とともに育った人物といえる。

フィボナッチの本名はレオナルド・ダ・ピサという。有名なレオナルド・ダ・ヴィンチが「ヴィンチ村のレオナルド」という意味であるのと同様に、いわば「ピサの町のレオナルド」という意味である。

では、なぜ「フィボナッチ」と呼ばれるのか。父親が「ボナッキオ」（単純な）というあだ名で、「ボナッキオの息子」を意味する「フィ・ボナッキオ」が縮まって、〝フィボナッチ〟と呼ばれるようになったという。つまり本名ではなく、あだ名で知られている人なのだ。

彼は父親の仕事の関係でアフリカのアルジェリアで育ったこともあり、イスラム経由でのギリシアとペルシアの伝統を学び、インド渡来のアラビア数字の便利さを実感したと思われる。

成長して、地中海の各地を訪れて見聞と知識を深め、１２００年頃には生誕の地ピサに戻り、『算盤《さんばん》の書』（Liber Abacci）を書いた。フィボナッチの功績として大きいのは便利なアラビア数字の普及に貢献したことだが、『算盤の書』ではさまざまな問題を扱っている。

◆フィボナッチは数列だけではない

フィボナッチといえば数学の好きな人は真っ先に「フィボナッチ数列」を思い浮かべるだろうが、その前に『算盤の書』にも取りあげられている問題を紹介しておこう。

フィボナッチは、シチリア王から神聖ローマ帝国皇帝になったフリードリヒ２世に気に入られ、何度か宮廷に招聘《しょうへい》された。皇帝お抱えの学者たちと論争したり、学識を披露した際に、フィボナッチが出した問題に次のようなものがある。

３人の男が金貨を何枚かずつ持っている。それぞれの金貨は全体の１／２、１／３、１／６である。全部の金貨を積み上げて、それぞれ何枚かずつ取って、残りがないようにした。そして第１の男は手持ちの１／２を返し、第２の男も１／３を返し、第３の男も同様に１／６を返し、その後、返した金貨を三等分して受け取った。その時、３人とも、もともと持っていた金貨の枚数に等しくなったという。

このようなことが起こる最小の金貨の枚数（３人の財産の総数）はいくつか？

宮廷で難問として提出された問題だけに、算数的に解くのはとてもむずかしい。そこで、文字式で解くことにする。最初、第１の男がx枚取り、第２の男がy枚取り、第３の男がz枚取ったとする。金貨の総数は$x+y+z$であり、各自のもともとの所持数は、

$$\frac{(x+y+z)}{2}、\frac{(x+y+z)}{3}、\frac{(x+y+z)}{6}$$

となる。こうして解いていくと、総数の最小は、

$$x+y+z=33z+13z+z=47z=47\times6=282$$

であり、第1の人物は282／2＝141枚、第2の人物は282／3＝94枚、第3の人物は282／6＝47枚の金貨を持っていたことになる（141+94+47=282枚）。

金貨の枚数はいくらだったのか？

最初に3人が取った金貨の枚数

第1の男… x 枚
第2の男… y 枚
第3の男… z 枚

金貨の総数＝$x+y+z$

いったん戻した金貨

$$\frac{x}{2}+\frac{y}{3}+\frac{z}{6}$$

xは偶数　yは3の倍数　zは6の倍数

3人が平等に受け取った枚数は

$$\frac{\frac{x}{2}+\frac{y}{3}+\frac{z}{6}}{3}=\frac{x}{6}+\frac{y}{9}+\frac{z}{18}$$

よって、それぞれが所持する金貨の枚数は

第1の男… $\frac{x+y+z}{2}=\frac{x}{2}+\left(\frac{x}{6}+\frac{y}{9}+\frac{z}{18}\right)$

第2の男… $\frac{x+y+z}{3}=\frac{2y}{3}+\left(\frac{x}{6}+\frac{y}{9}+\frac{z}{18}\right)$

第3の男… $\frac{x+y+z}{6}=\frac{5z}{6}+\left(\frac{x}{6}+\frac{y}{9}+\frac{z}{18}\right)$

この3式に18を掛けて整理すると

第1の男 … $3x=7y+8z$
第2の男… $8y=3x+5z$
第3の男… $13z=y$

これから$x=33z$となる。
zは6の倍数だから、
最小であれば$z=6$
よって金貨の総数は

$$x+y+z=33z+13z+z=47z=282$$

∴第1の男　$282\div2=141$ 枚
第2の男　$282\div3=94$ 枚
第3の男　$282\div6=47$ 枚

07 フィボナッチ数列の原典に挑戦！

数列にもいろいろあるけれど……

① 1, 3, 5, 7, 9, 11, 13…… 奇数の数列

② 2, 4, 6, 8, 10, 12, 14…… 偶数の数列

③ 1, 4, 9, 16, 25, 36…… n^2 の数列

④ 1, 1, 2, 3, 5, 8, 13,
21, 34, 55, 89……

この④はどういう数列？

◆世にもふしぎな数列

フィボナッチの名声を不動にしたフィボナッチ数列を見てみよう。上図のような数の並びのことを「数列」という。①は奇数、②は偶数の数列だ。③は1^2、2^2、3^2、4^2、5^2……となっているので、n^2（平方数）の形の数列である。

では、④はどういう形の数列なのかというと、はじめて見るとむずかしい。先に種明かしをすれば、「前2つの合計」になっているのだ。最初は「1、1」で始まり、

3項目＝1+1=2

4項目＝1+2=3

5項目＝2+3=5

6項目＝3+5=8

となって、以下13、21、34、55、89、144……と増えていく。

一見すると「数学者の生み出した勝手な数列」のようにも思えるが、実は自然界にはフィボナッチ数列にしたがったものが多く指摘されている。美しい比率で知られる黄金比にもフィボナッチ数列は顔を出すためか、多くの本で紹介されてきた。

◆ウサギ算とフィボナッチ数列

この特異な数列はフィボナッチ自身が発見したものではなく、それ以前から知られていたらしい。それにも関わらずフィボナッチ数列と呼ばれるようになったきっかけは、彼の著書『算盤の書』に問題として登場するからだ。

夫婦のウサギ（1ペア）は、生まれて2か月後から毎月1ペアのウサギを生む。ウサギは当面死なないとする。この条件で1年経った時、生まれたばかりのウサギは何ペアになっているだろうか？

数がみるみる増え、しかも複雑になっていくことが予想できるので、左のような分岐図

ウサギは12か月後に何ペアいるか？

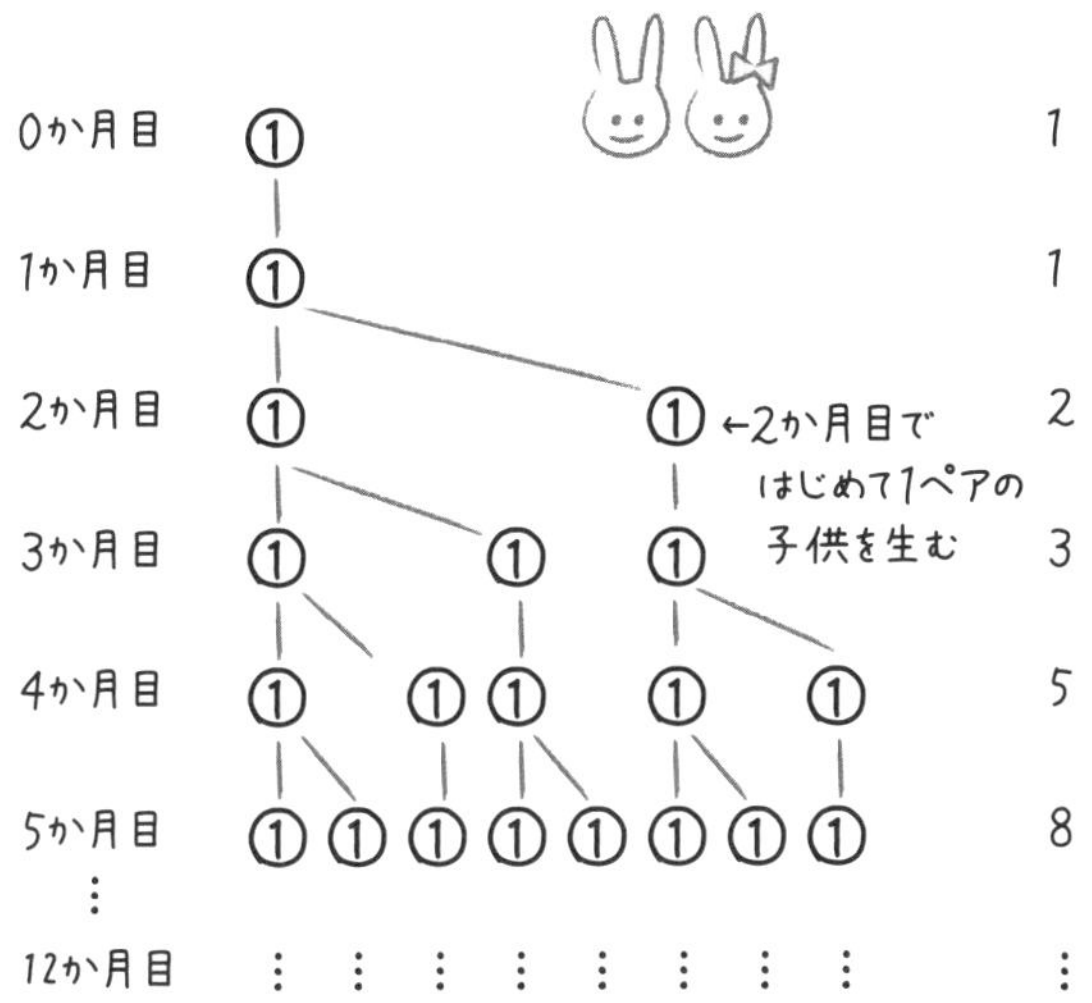

で考えよう。生まれたばかりのウサギの夫婦は、2か月後から毎月1ペアの子供を生む（1か月後にはまだ子供を生まない）。2か月後に生まれた最初の子供たちは、次の月（スタートから3か月後）には子供を生まず（まだ1か月後なので）、その次の4か月後にはじめて1ペアの子供を生む。

こうして分岐図をつくっていくと、次のようになる。

0か月目……1ペア
1か月目……1ペア
2か月目……2ペア
3か月目……3ペア
4か月目……5ペア
5か月目……8ペア

ウサギの子供の増え方はフィボナッチ数列だ

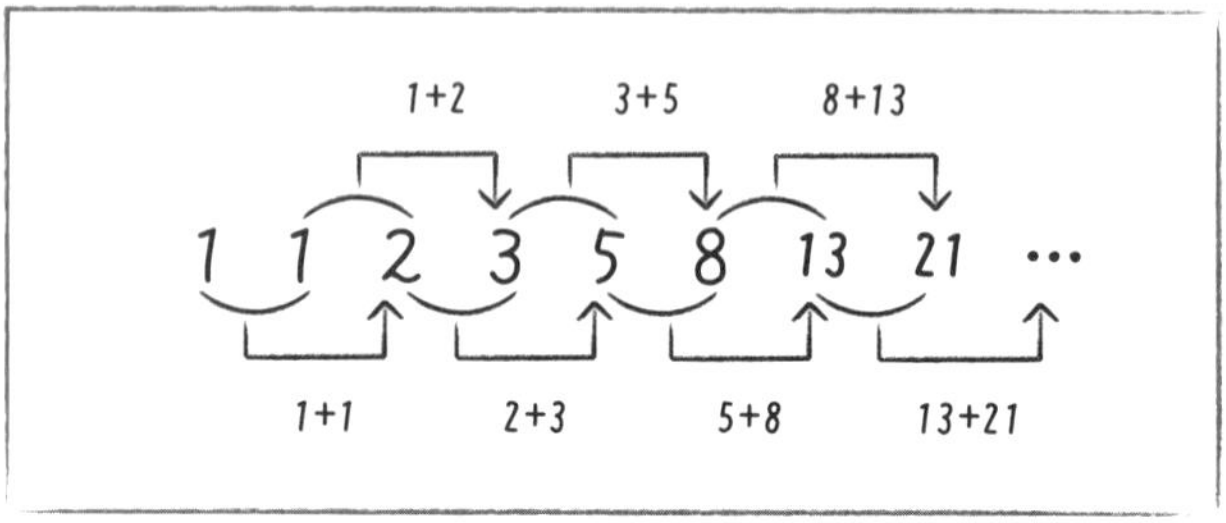

これを順々に書いていくと、

1、1、2、3、5、8、13、21、34、55、89……

となる。最初に示したように、この数列は前2つの項を足したものに他ならず、いわゆるフィボナッチ数列になる。つまり、

1+1=2、1+2=3、2+3=5、3+5=8、5+8=13

となっているわけで、その次は8+13=21、さらには13+21=34と次々に予想できる。ちなみに、12か月後のウサギは２３３ペアである。

このような事例はウサギだけでない。ひまわりの螺旋《らせん》（種）は55個、89個のようにフィボナッチ数になっていることが知られている。

◆フィボナッチ数列と黄金比

フィボナッチ数列でもう1つ大事なのが、黄金比との関係だ。黄金比は、絵や彫刻などで美

「1:1.618」の分割こそ、美しい「黄金比」だ

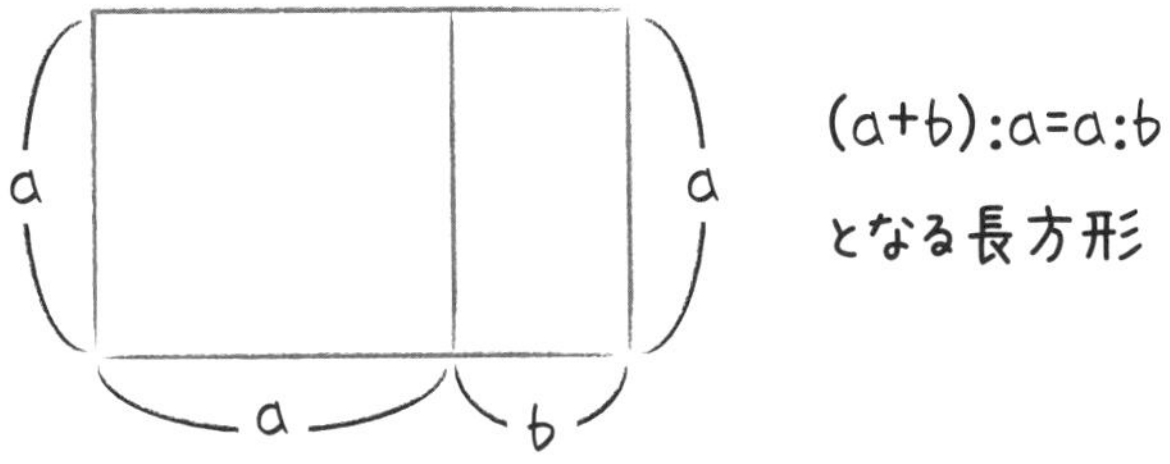

黄金比 = b:a = 1:1.618…

$$b:a = 1:\frac{1+\sqrt{5}}{2} = 1:\frac{1+2.236\cdots}{2} = 1:1.618\cdots$$

しいバランスとされている比率のことで、おおよそ「1：1.6」である。

上図のような長方形において、b：aが黄金比である。実際におおよそ1：1.6になるかを、調べてみよう。比は、図のように、

$(a+b):a=a:b$ ……①

なので、これを解けばいい。bを1とした時のaの値を求めればいいから、

$b:a=1:x$ → $a=bx$ ……②

この②を①に代入すると、①は、

$(bx+b):bx=bx:b$

となる。よって、これは次のようになるので辺々b^2で割って、

$b^2x^2=b^2x+b^2$ → $x^2=x+1$

となる。よって、

$x^2-x-1=0$

これを解の公式（根の公式ともいう）を使って解くと、

$$x=\frac{1+\sqrt{5}}{2}=\frac{1+2.23606\cdots}{2}=1.6180\cdots$$

となる（長さなので、マイナスの解は不可）。これが**黄金比**である。

ところで、先ほどのフィボナッチ数列で、「後ろの項÷前の項」の計算をしてみると、

3÷2=1.5　5÷3=1.6666…　8÷5=1.6　13÷8=1.625　21÷13=1.61538…

となり、最終的に黄金比に収束することが知られている。つまり、ふしぎなフィボナッチ数列から、さらに「美」の比率が出てくるというのだから、これまたふしぎな話である。

フィボナッチ数列を割っていくと「黄金比」が出てくる！

後ろ ÷ 前

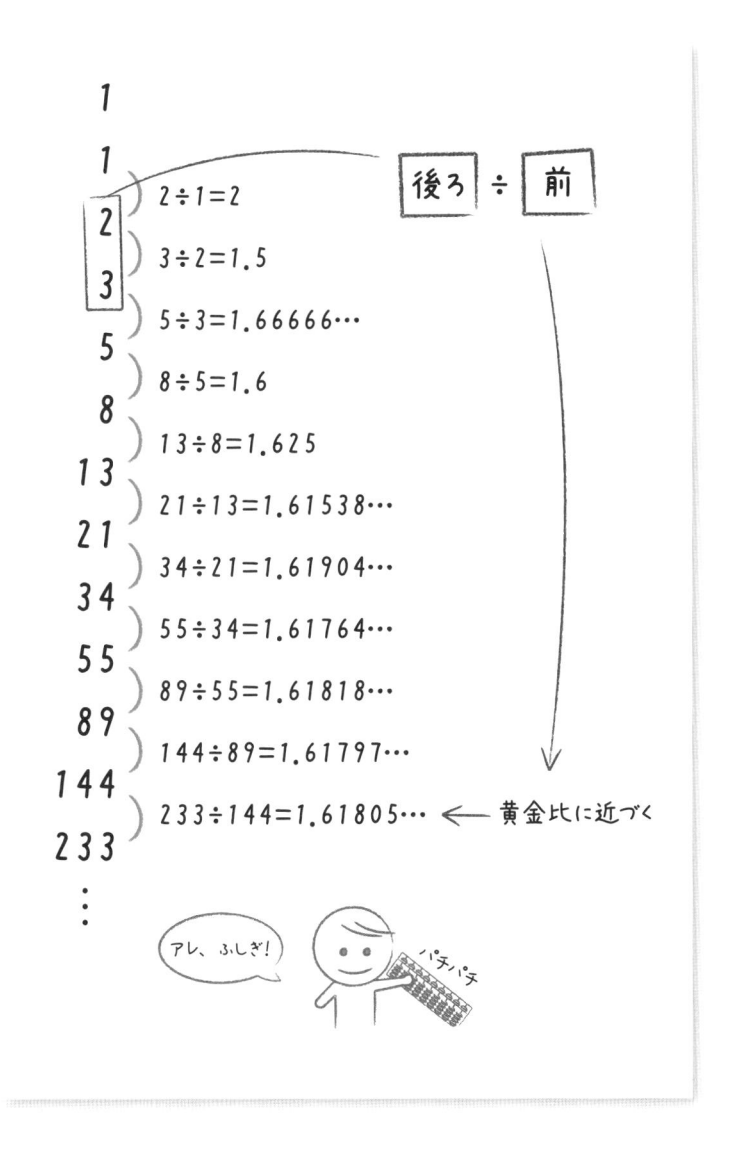

1
1
2　　2÷1=2
3　　3÷2=1.5
5　　5÷3=1.66666…
8　　8÷5=1.6
13　　13÷8=1.625
21　　21÷13=1.61538…
34　　34÷21=1.61904…
55　　55÷34=1.61764…
89　　89÷55=1.61818…
144　　144÷89=1.61797…
233　　233÷144=1.61805… ← 黄金比に近づく
⋮

08 「8」という数のふしぎ

◆「八」＝BIG?

肉を売っている店は肉屋さん、魚なら魚屋さん。ところが、なぜか野菜を売っている店は野菜屋さんとは呼ばず、「八百屋《やおや》さん」という。肉や魚に比べて野菜は種類が多いことから「八百屋」という名前がついたのだろう。

昔から日本人は「八」や「八百」という言葉に「たくさん、大きい」という意味を込めてきた。とんでもないウソをつくと「ウソ八百」といわれ、水運が発達して橋が多かった大阪は「八百八橋《はっぴゃくやばし》」、お寺が多かった京都は「八百八寺《はっぴゃくやでら》」、政治経済の中心で多数の町があった江戸の町は「八百八町《はっぴゃくやちょう》」と呼称されてきた。

神話時代から「八」には「大きい」という意味が込められてきた。八咫烏《やたがらす》、八咫鏡《やたかがみ》などは本来、その姿・形からは「八」とは関係ない。八咫烏の足は8本ではなく3本だし、八咫鏡の大きさは8尺というわけではない。2つとも、「大きな鳥」「大きな鏡」という意味を込められているのだろう。

そういうと、「八岐大蛇《やまたのおろち》は8つの頭に由来しているのではないか」と反論されそうだが、あれも大きな蛇（龍）だったからこそ、スサノオノミコトの強さを際立たせられた神話だったのではないか……。そういえば、「八百万《やおよろず》の神」という言葉もあった。

なお、名古屋市の市章は「八」をマルで囲んだ「丸八印」で、尾張家の略章（正式には葵）だったものを使ったという。この場合は名古屋市の末広がりの発展を祈ったものだが、その結果として「大きくなる」ということだろうか。

8という数を横に倒した「∞」が、偶然にも無限大を意味するのはご存じだろう。数字1つひとつに意味を込め、人々の思いが投影されていることがわかる。

名古屋市市章

PART 4

幾何力が
数学力を高める！

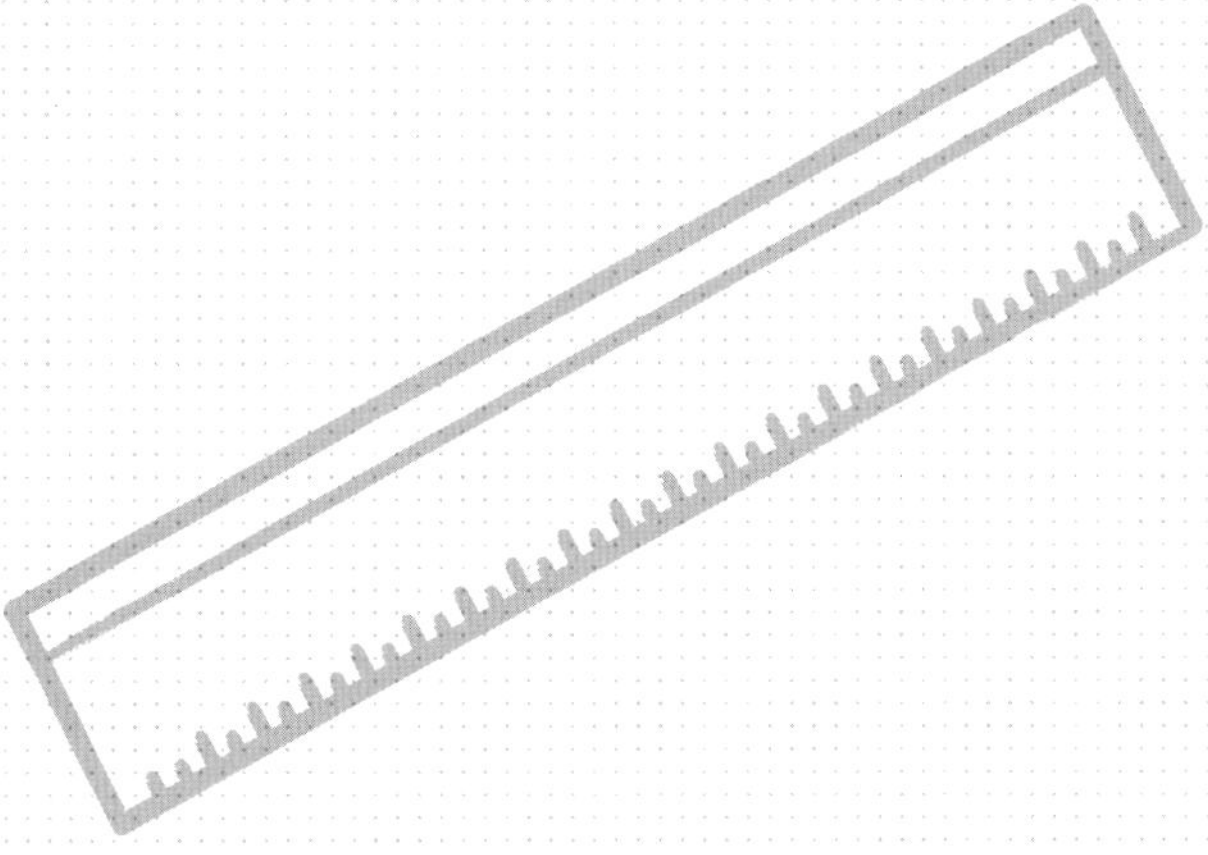

01 カルタゴ建国の隠された秘話

世界最強のローマと覇権を争ったカルタゴ

カルタゴといえば、世界史の好きな人には「ローマと3度も闘った北アフリカの国」として印象深いだろう。現在のチュニジアの首都チュニス近くにあった古代都市で、特にローマとの2度目の戦い（第二次ポエニ戦役）が名高い。カルタゴの将軍ハンニバルは、象の軍団を率いてスペインのピレネー山脈、そしてアルプスを越えて進軍し、ローマを震え上がらせた。

〝古代都市〟と紹介したように、現在のカルタゴには遺跡しか残っていない。ローマに破れて港と町は焼き払われ、草1本生えないようにされたという。それほど、ローマはカルタゴの復活を怖れたのだ。

ところで、カルタゴの建国は紀元前814年頃といわれるが、トロイ戦争（紀元前12世紀）より前という説もある。はっきりしているのは、フェニキア人が建設した都市国家だったということだ。ちなみにフェニキアは地中海全域に植民都市を持ち、海上交易に支えられて繁栄した地域だ。そこで使われたフェニキア文字がアルファベットの基になっている。

1頭の牛の皮で得られるＭＡＸの領地は？

さて、このカルタゴの建国物語の中に、最古の数学クイズとも呼べるものが登場するので、もう少しカルタゴ神話を辿ってみよう。

カルタゴの守護神はメルカルトといい、これはフェニキア最大の都市ティルス（テュロス）の守護神と同じであった。ティルスの聖所の巫女《みこ》であった王女ディドーは、王であった父の死後、兄のピグマリオンが王として君臨し、約束を違えて財産をすべてわがものとしたため、支持者とともにティルスを去って現在のチュニジアの地に辿り着く。そこで、その土地の王イアルバースに対して、土地の分与を申し入れたところ、次のように答えられたという。

「1頭の牝牛の皮で得られるだけの土地なら、分与してもよい」

さて、これがカルタゴ神話に登場する最古ともいえる数学クイズだ。あなたなら、どうするだろうか。

「たった1頭の牝牛の皮」ということは、その皮の覆える部分などたかが知れている。そんな狭い土地をもらっても、家の1軒さえ建てることはできない。そこで、ディドーは知恵を働かせた。「得られる部分」だから、必ずしも「皮で覆う」必要はない。

まず、約束通りに牝牛1頭分の皮を手許に置き、それを細かく細かく引き裂いて細長い革紐に変えた。そして、「牝牛の革紐が囲った土地」を受け取ることに成功し、その土地に砦を築いた。

しかし、たとえ革紐にしたところで、大した土地を囲えるほどの長さにはならなかっただろう。最大で円の面積だが、どのようにして砦を築けるほどの土地を得たのだろうか。

ディドーと等周問題を最大限に活用

「海岸線を直線とした場合、長さの決まった紐で囲むことのできる面積を最大にする」という問題は「**ディドーの問題**」と呼ばれている。たとえば岬のような場所を見つけ、首の部分を横断するだけの長さがあれば、「岬全体を囲んだ」と強弁することができる。実際にカルタゴでの建国神話がどういうものだったとしても、ディドーの問題は現在でも重要な**等周問題**の1つである。等周問題とは、周の長さだけ先に与えられた中で最大の面積を求める問題である。

ディドーは知恵で「建国」をなし遂げた?

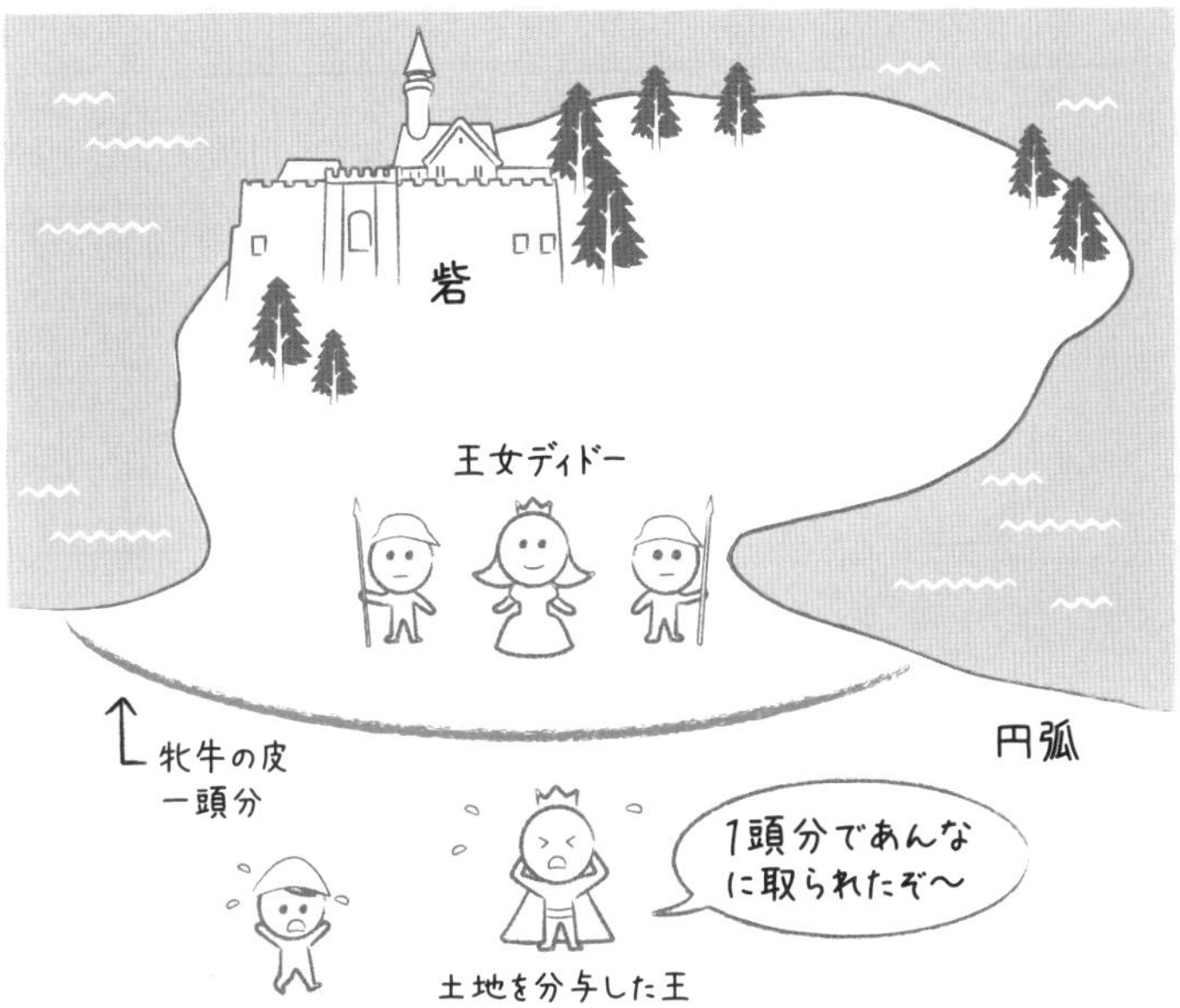

「紐で最大の面積を囲う」には円にする必要がある。上記の絵のように、ほとんど3方向を海で囲われている地形を利用すれば、「円弧で囲う」のが最大という答えが妥当なことは理解できるだろう。

こうして牝牛1頭分の皮を使い、①覆うのではなく囲う、②円ではなく海岸線を利用して円弧の状態にすることで、カルタゴは最初の土地を得た、というわけだ。

02

スカイツリー、東京タワーからどこまで見える？

◆ピタゴラスの定理を使うアイデア

問題

東京スカイツリー（６３４ｍ）、東京タワー（３３３ｍ）、富士山の頂上からどこまで見えるかをそれぞれ比較してください。なお、地球の半径は６３５７㎞とする。

２０１２年５月に東京スカイツリーが開業し、東京で一番高い建築物のイメージが東京タワーからスカイツリーに移った。では、その東京スカイツリーに昇ったら、いったいどこまで見えるのか。スカイツリーと東京タワーでは３００ｍも高さが違うので、見える距離もかなり違ってくるはずだ。富士山と比較すれば、さらに違うだろう。

こういう問題は、どう考えればいいのだろうか。左図を見ればわかるように、地球は球体なので、どんなに視界がよくても無限に遠くの場所まで見えるわけではない。地平線

スカイツリーから見える距離を知るには…

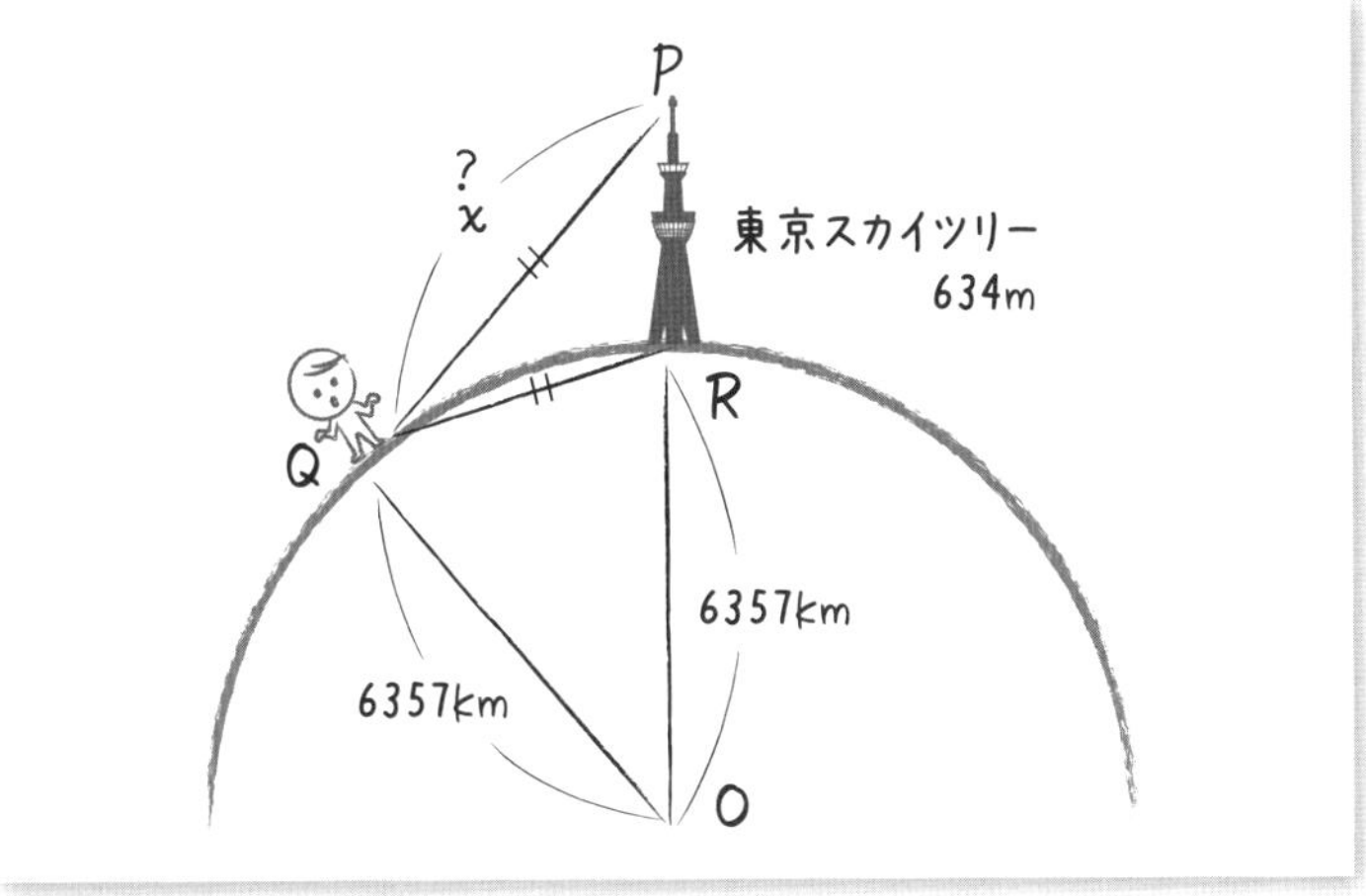

（水平線）までが最遠だ。

　これには、中学校で習ったピタゴラスの定理を応用できる。地球の中心をＯ、見る位置をＰ（東京スカイツリーなら６３４ｍ）、そこから見える最遠地をＱとすると、ＰＱはこの円（地球）の接線になるから、ＰＱＯは直角三角形になる。そこで、

$$OP^2=OQ^2+PQ^2$$

よって、

$$PQ^2=OP^2-OQ^2$$

というピタゴラスの定理を使えば、スカイツリーから見える距離がわかりそうだ。正確には、ＰＱではなく図のＲＱとなるが、おおよそＰＱ＝ＲＱであると考えてよいだろう。

　ＯＰの長さは「東京スカイツリーの高さ＋地球の中心までの距離」で、ＯＱは「地球の中心

までの距離」である。ということは、

$PQ^2=(0.634+6357)^2-6357^2=8061.0779\cdots \fallingdotseq 8061.078$

よって、ＰＱの長さは8061.078の平方根を取ればいいので、

$PQ=\sqrt{8061.078}=89.78\cdots$

こうして、スカイツリー（６３４ｍ）から見える最大の距離は約89・78㎞、つまり約90㎞だ。同様に、東京タワー（３３３ｍ）も計算してみると、

$PQ^2=(0.333+6357)^2-6357^2=4233.872\cdots \fallingdotseq 4233.87$

となるので、この平方根を取ると、

$\sqrt{PQ^2}=\sqrt{4233.87}=65.068\cdots \fallingdotseq 65.07$

こうして、東京タワーから見える最大の距離は約65㎞となる。

３００ｍの高さの差で、なんと25㎞もの差が

高さの差は３００ｍしかないのに、見える距離の差は90-65=25で25㎞と大きい。具体的には、東京駅から90㎞なら、富士吉田市、箱根芦ノ湖、熱海、房総半島の南端、桐生あたりになる。65㎞なら小田原の手前、成田空港、熊谷、秩父、結城あたりになる。

では、スカイツリーの5倍以上高い富士山はどうだろうか。これも同じ考えでいくと、

$$PQ^2=(3.776+6357)^2-6357^2=48022.321\cdots \fallingdotseq 48022.32$$

これから、この平方根を取ると富士山から見える距離がわかるはずだ。

$$PQ=\sqrt{48022.32}=219.1399\cdots \fallingdotseq 219.14\ (\text{km})$$

約２１９㎞となる。

浮世絵にも富士山が描かれた江戸名所がたくさん残っているように、昔は東京（江戸）のあちこちで富士山がはっきり見えた。富士山から日本橋までの距離はおよそ１００㎞なので、悠々と見えることになる。

◆「地球は丸い」ことの証明？

地球は完全な球ではなく、南北に少しつぶした形（赤道方向のほうが極方向より長い）をしていて、赤道半径は６３７８㎞、極半径は６３５６㎞である。

メートル法というのはフランス革命後の１７９９年に決められたもので、「パリを通る子午線の北極から赤道までの距離」を測り、それを1万㎞とした。地球が真円だとすれば、

$$\frac{2\pi R}{4}=10000$$

となるべきもので、このＲを解くと、

$$R = 10000 \times \frac{4}{2\pi} = \frac{20000}{\pi} = 6366.19\ldots$$

となる。つまり、現在の値を約６３５６・８㎞とすれば、その誤差は０・２％もない。

フランスは経度局という役所までつくって国家事業として計測を行なった。当時の測量技術のレベル、さらには北極点から赤道まで（子午線）を実際に辿りながらの計測の大変さ（文字通り山あり谷あり海あり）を考えれば、立派なものだ。

03 水位計がエラトステネスの大発見を支えた

◆昔の人も「地球が丸い」と気づいていた？

現在、われわれは地球が平面ではなく丸いことを常識としている。学校でもそう教えるし、人工衛星からの丸くて青い地球の映像を目にすれば、誰も疑うことはない。

けれども、昔の人はそうはいかなかった。人工衛星からの写真などない時代に「地球は丸いのではないか」と推論するのはむずかしかっただろう。しかし、それでも「丸い！」と直感していた人も多数いた。たとえば船員、あるいは彼らを港で見送ったり出迎えたりしていた人々だ。

帆船に備えつけられたマストは高い。現在の日本の大型練習帆船・海王丸のメインマストの海面からの高さは46ｍ、江戸時代の菱垣廻船《ひがきかいせん》である浪華丸《なにわまる》の帆柱が約27ｍ、中世のいくつかの帆船を見ると大きいもので約30ｍほどだ。

このマストからどこまで見えるか？　前節の公式を使うと、30ｍのマストでは20㎞先ま船のマストを見れば「地球が丸い」がわかる？…

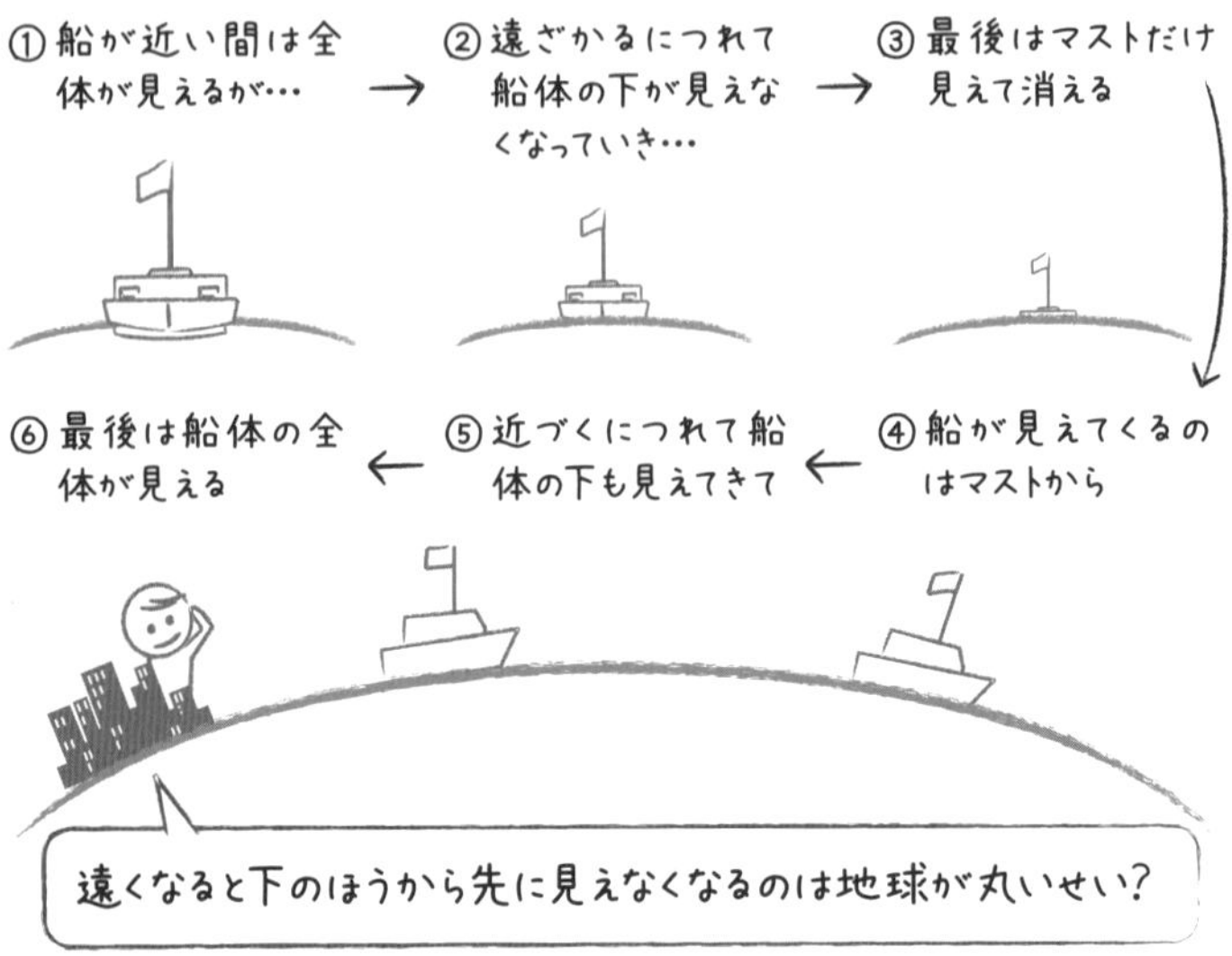
①船が近い間は全体が見えるが…
②遠ざかるにつれて船体の下が見えなくなっていき…
③最後はマストだけ見えて消える
④船が見えてくるのはマストから
⑤近づくにつれて船体の下も見えてきて
⑥最後は船体の全体が見える
遠くなると下のほうから先に見えなくなるのは地球が丸いせい？

で見えることになる。こうなると、「地球は丸い」と多くの人が感じていたとしてもふしぎではないだろう。

エラトステネス、地球の大きさを測る

なぜ、こんな話をしたのかというと、地球が丸いと思っていなければ、「地球の大きさを測ってやろう」という人が現れないからだ。最初に地球の大きさを見積もったといわれるエラトステネスは、紀元前3世紀に生きたプトレマイオス朝エジプトの人である。アルキメデスの友人で、アレクサンドリアの図書館ムセイオンの館長も務めた。素数を求めるエラトステネスの篩《ふるい》は有名である。

彼の業績の中に世界地図の作成がある。

アレクサンドリア図書館に集められた知識を総動員して地図をつくろうとしたのである。当時の世界の学問の3大中心地はアテネとアレクサンドリアとロードス島だった。エラトステネスが中心となる子午線を、アレクサンドリアとロードス島を結ぶ線としたのも当然のことであった。地図なので、子午線（経線）と緯線を引くことになる。地球の大きさも知っていなければいけない。彼はどうやって地球の大きさを測ったのか。

ある時、ナイル川上流の町シエネ（現アスワン）のエレファンティネ島の井戸に、夏至の南中時に太陽の光が差し込んで底を照らすことをエラトステネスは知った。現在のアスワンは北回帰線の少し北にあるが（北回帰線は毎年少しずつ移動している）、この時代のアスワンはほぼ北回帰線上にあったのだろう。

このことを知ったエラトステネスは地球の大きさを測る方法を思いついた。夏至の南中時に、エレファンティネ島と同じ子午線上にあり、そこまでの距離も知られている地点での太陽の仰角を求めればよい。

それはすでにわかっていた。地図製作の基礎資料の中にあったのだ。アレクサンドリアとアスワンまでの距離が5000スタディア、夏至の太陽の南中高度が82・8度である。

Rを地球の半径とすると、

$$\theta = 90^\circ - 82.8^\circ = 7.2^\circ$$

地球の大きさを「角度」で測る

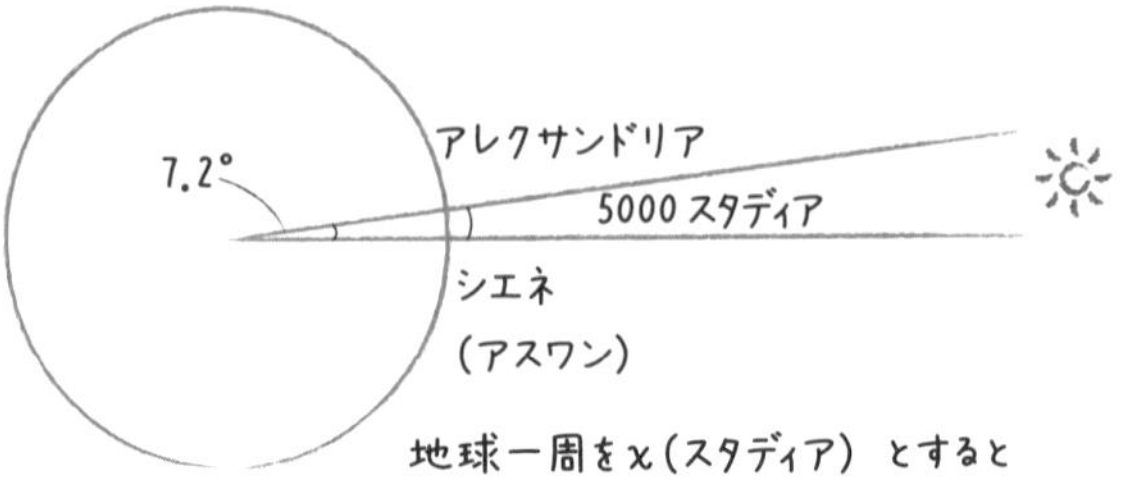

地球一周をx（スタディア）とすると

$$\frac{7.2}{360} = \frac{5000}{x}$$

よって、$x=5000\times\frac{360}{7.2}=5000\times50=250{,}000$（スタディア）

1スタディオン=157.5mとすると

250,000×0.1575km=3万9375km≒3万9941km

↑エラトステネスの測定　↑現在の測定

※スタディアはスタディオンの複数形

ラジアン（弧度法と呼ばれる角度の単位）は当時、まだ知られてはいなかったが、

7.2：360=1：50

であることがわかる。したがって地球全周の長さは、

50 × 5000=250000（スタディア）

であるとした。

古代の長さの単位スタディアは時代と場所によって値が違い、1スタディオンが185m（アッティカスタディオン）、あるいは157・5m（エジプトスタディオン）が一般的である。後者の157・5mを使うと、

地球の1周 = 250000 × 157.5（m）

=39375（km）

となる。現在の値が約３万９９４１㎞であることを考えれば、ほとんど誤差がないことに驚く。前者の１８５ｍを使っても４万６２５０㎞となり、これもよい数値だ。

◆ナイル川の氾濫を測る水位計の存在

実はエラトステネスが計測するにあたって、難点が２つあった。１つは、エレファンティネ島はアレクサンドリアを通る子午線上にはなく、東経が３度ほどズレていること。もう１つは２地点間の最短距離の計測が困難だったこと。

基本的に、ナイル川に沿った計測を砂漠を歩いての計測で補足するという形を取らざるを得なかったからであろう。ただ、幸運なことに、毎年ナイル川が氾濫するので、水が引いた後、何度も計測し直すことが行政上の慣例だったらしい。この島にはナイル川を司るクヌム神の神殿があり、またこの場所でのナイル川の水位を測るナイロメータがあった。

そのナイロメータの存在が、この大発見につながったのだろう。

04

ピラミッドの高さを測るには

◆大きな木の高さを直角二等辺三角形で測る

高層ビルを見て、おおよその高さを知りたいと思ったとしよう。10階建てのマンションなら、おおざっぱに1階あたり3mと考えれば30m。当たらずとも遠からず。

でも、木の場合はそういった目安もない。どうすればいいだろうか。その方法が、『塵劫記』に書かれている。「立木の長をつもる事」という題の項目を見ると、大きな木の高さを測る方法が絵入りで記されているのだ。

ここで計測の達人が手にしているのは1枚の鼻紙に過ぎない。それを対角線で半分に折りたたみ、直角二等辺三角形をつくる。すると、鼻紙に45度の角度ができる。これによって、鼻紙の小さな直角二等辺三角形と、その延長線上にできる大きな直角2等辺三角形が「相似」であることを利用して木の高さを測るのだ。

左ページの図をご覧いただきたい。水平面と45度の角度の延長線が木の頂上と重なる地

木の高さを「相似」で測る知恵

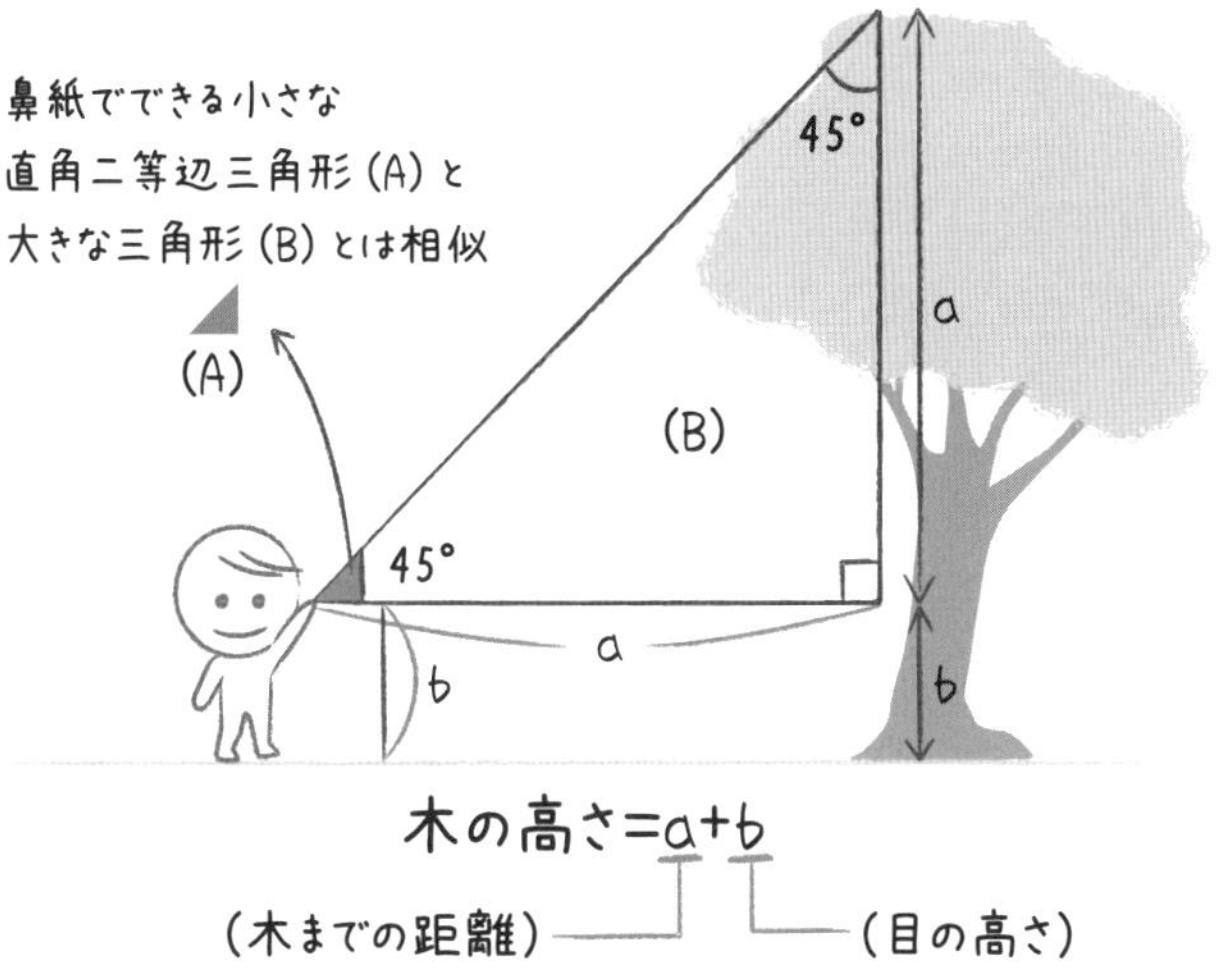

点を探す。これによって「木の高さ＝a+b」となる。「b＝鼻紙までの高さ」で、「a＝木までの距離」だから、木を登って実測しなくても、平地で簡単に測定できることになる。

たかが鼻紙1枚、されど鼻紙1枚。この1枚の紙から45度の直角二等辺三角形をつくることで、「高さ＝距離」に変換したわけである。

もっともっと高いものは？

「鼻紙を使った相似」で簡単に計測できない場合もある。第一に、建物までの距離が遠過ぎて実測がむずかしいケース。もう1つはたとえば山のように、その中心（根本）まで入って測ることができないケースだ。次もそのようなケースの問題である。

問題
エジプトのギザにあるクフ王のピラミッドの高さを測りたい。ピラミッドの底面は東西南北に面している。どのようにすれば計測することができるか知恵を出してほしい。

ピラミッドの高さを測ったという話はいくつもあるが、最も有名なのはタレス（紀元前６２４～同５４６頃）である。タレスはギリシアの科学者・哲学者として活躍した。ただ、彼がクフ王のピラミッドの高さをどのように計測したのか、その具体的方法については残念ながら正確な記録が残っているわけではない。

一般には、「砂漠に落ちた自分の影を身長と比較し、それをヒントにピラミッドの高さを測定した」といわれている（自分の影ではなく棒の影という話もあるが、いずれも後世の人のつくり話だろう）。

ピラミッドの高さには工夫が

ギザのピラミッドの周辺はほとんど平らな砂漠だと考えれば、ピラミッドの影がきれいに砂漠に投影される。タレスはどうしただろうか。自分の影を見て、「身長＝影の長さ」

影からピラミッドの高さを求める

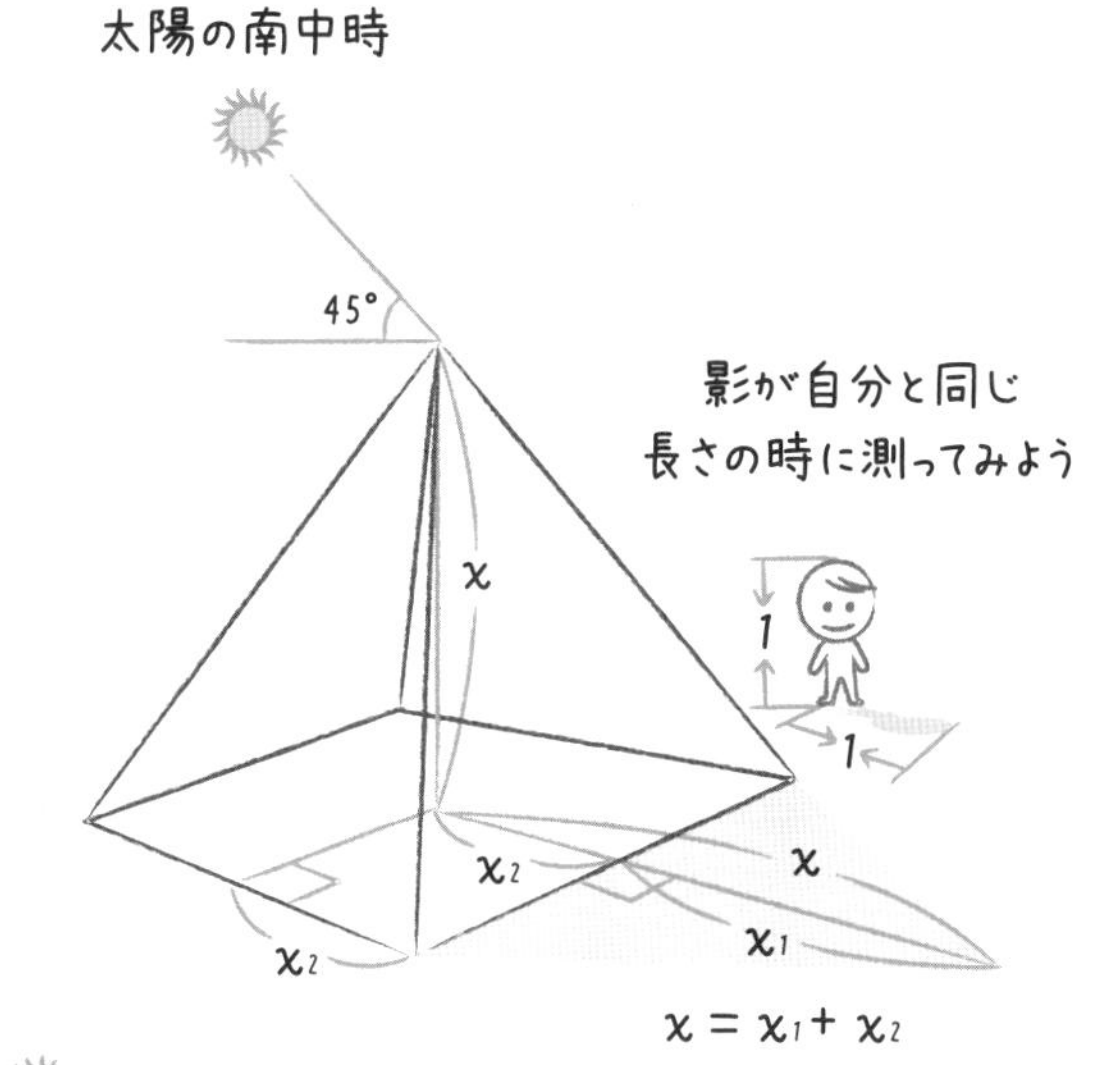

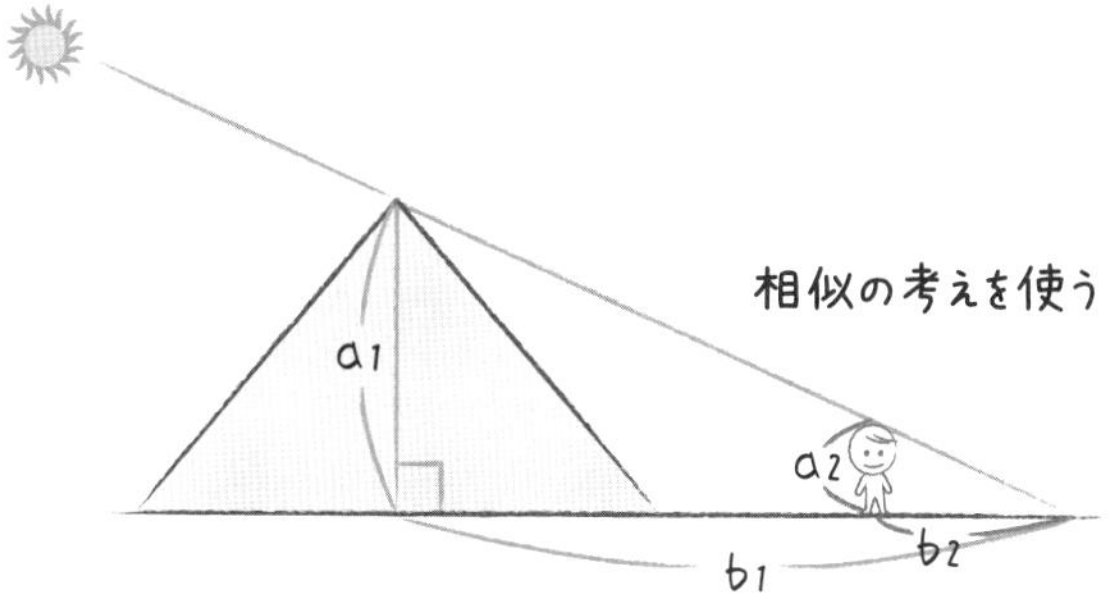

$a_1 : b_1 = a_2 : b_2$ より

ピラミッドの高さ＝ $a_1 = \dfrac{a_2 \cdot b_1}{b_2}$

が同じになった時間帯に、ピラミッドの影の長さ（＝高さ）を測れば一番簡単だろう。ただし、1つ問題がある。影の大半はピラミッドの内部に残っていることだ。だから、立つ場所と時間は工夫する必要がある。

まず、クフ王のピラミッドの底辺の正方形は東西南北に面しているということだった。そこでギザの町で「太陽が真南（南中）に来て、しかも太陽の高度が45度になる」というタイミングを待つと、前ページの上図のようにピラミッドの底辺に垂直な影（＝ピラミッドの高さ）が生まれるはずだ。そこで、底面から出ている影 x_1 の長さと底辺の半分 x_2 を足す。こうすれば、ピラミッドの高さを実測できる。

だが、太陽が「真南で、しかも高度45度」（南中時に太陽の高度が45度になる）という都合のいいことはそうそう起こらないだろう。タレスがエジプトを訪れた時も、そんなに都合のいい時ではなかったのではないか。

それならば、太陽が真南に来た時（ピラミッドの1辺に垂直な影がほしいため）、太陽の高度には関係なく、その時のピラミッドの影と自分の影の長さを測る。そうすると、

自分の身長：自分の影の長さ＝ピラミッドの高さ：ピラミッドの影の長さ

という比率で求められる。つまり、三角形の相似を利用するのだ。これなら無理なくピラミッドの高さを求めることができるだろう。

05

仰角で測る…というワザも

2地点間の仰角で高さを測る方法

タレスのピラミッドや『塵劫記』の木の高さを測る例では、人は止まっていて1回だけ高さを測った。しかし、2度の測定を利用して測る方法を考えてみよう。

問題

いま、高いタワーが仰角30度で見える位置にある。そこからそのタワーに向かってまっすぐ４８０ｍ近づいたところ、仰角45度となった。そのタワーのおよその高さは何ｍか。

この問題を解く前に、次ページの2つの直角三角形を見てほしい。まず、直角三角形の直角以外の2つの角度が45度の場合、あるいは60度と30度の場合、3辺の関係は図のようになっている。これを忘れていると、仰角がわかっても解けないので、思い出しておいてほしい。

三角形と長さの関係は？

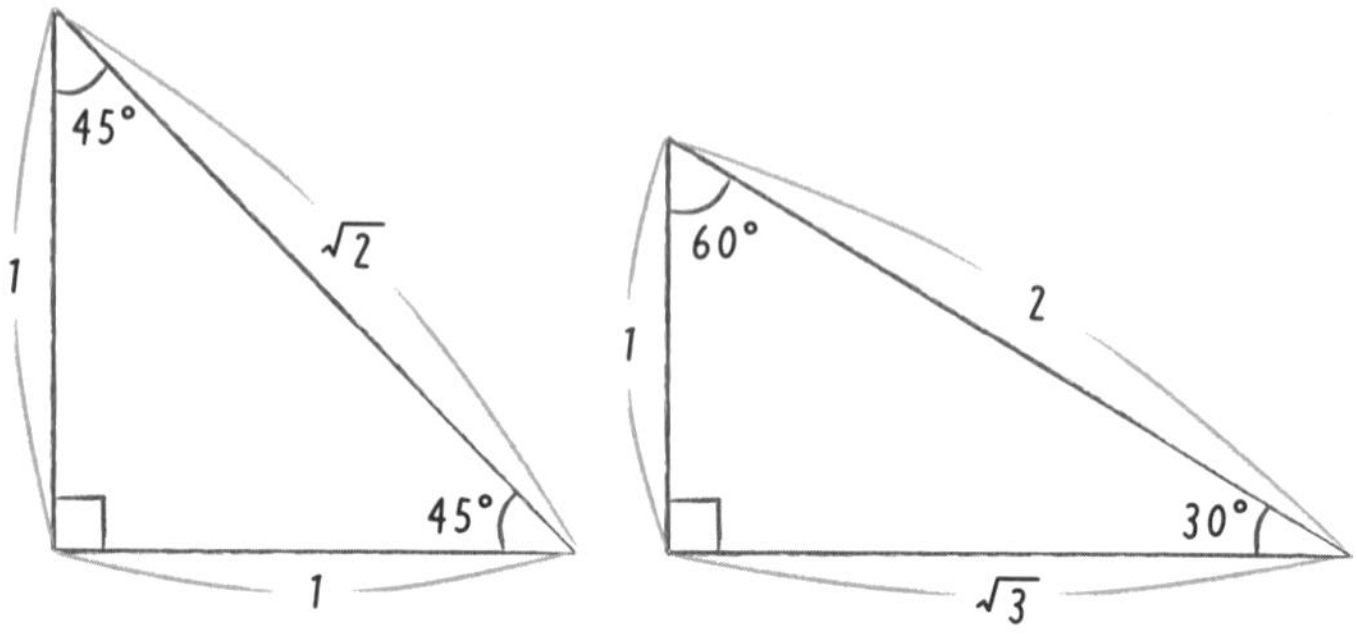

さて、仰角30度の地点、45度の地点からそれぞれ高いタワーを見ているので、その関係は次ページの通りである。そして、その間の距離は４８０ｍというから、図から

$$1:\sqrt{3}=x:(x+480)$$

となる。これを解くと、およそ６５５ｍ。つまり、この高いタワーは東京スカイツリーだったというわけだ。タワーまでの距離を測らなくてよかったのである。

◆富士山も測れるか？

この手法を使うと、理論上は富士山の高さも２つの仰角から求めることが可能となる。スカイツリーと同様に、やはり仰角30度の地点を探し出し、次に富士山に向かってまっすぐ移動して45度の仰角地点を探し出す（120ページの図を参照）。こうすれば同じ方法で富士山の高さを

2地点からの仰角が高さを測るヒント

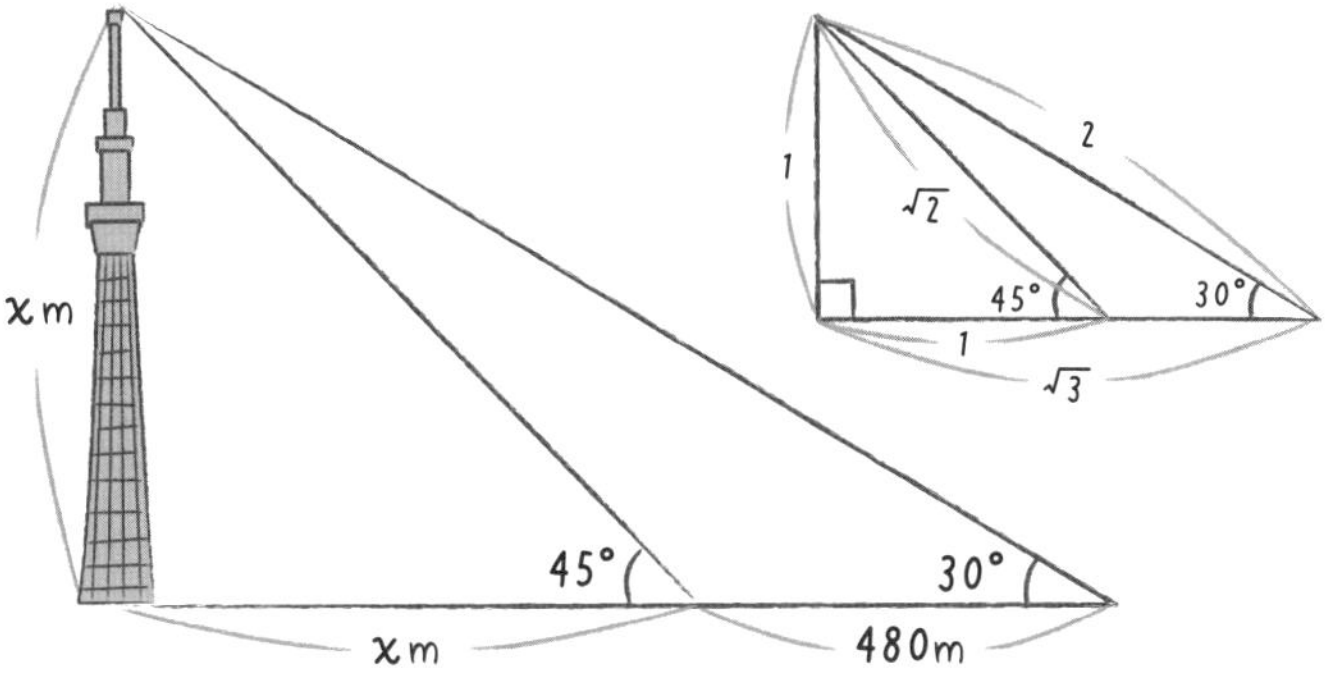

$$1 : \sqrt{3} = x : (x + 480)$$

$$\sqrt{3}x = x + 480 \text{ より } \sqrt{3}x - x = 480$$

$$\text{よって } x = \frac{480}{\sqrt{3} - 1} \fallingdotseq \frac{480}{0.732} \fallingdotseq 655\text{m}$$

求めることができるはずだ。

　しかし、現実的にはかなりむずかしい。なぜなら、次ページのC地点で仰角30度、D地点で仰角45度だったとして、C↓Dへと富士山に向かって数㎞も進めば富士山の裾野付近となり、D、Cの2地点での高度が違ってくる。地図上から見る限り、スカイツリーのように480mを水平に移動するのではなく、高い山に向かって移動する際には、高低差ゼロをクリアすることはむずかしい。

　こういう話題では、そんな現実的な問題もアタマに入れながら考えると面白い。

富士山を同じ方法で測れるか？

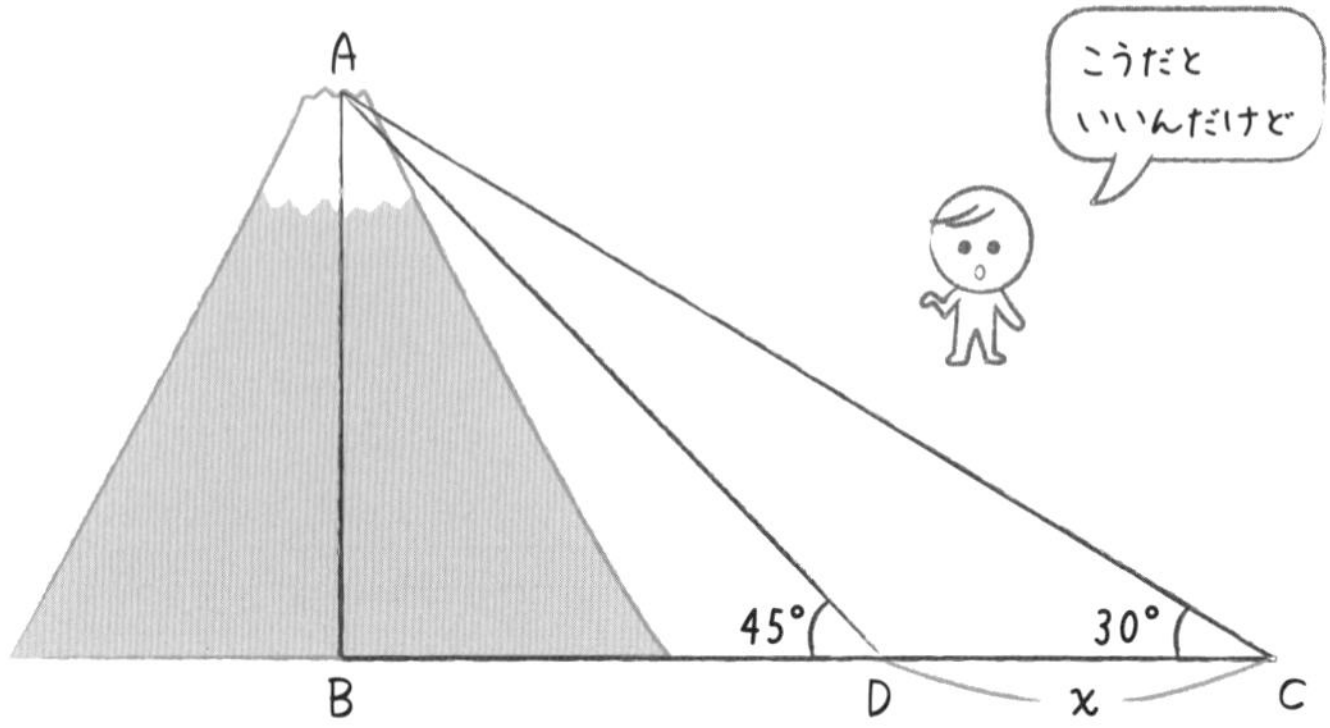

DとCで高度差がゼロであれば測定可能だが

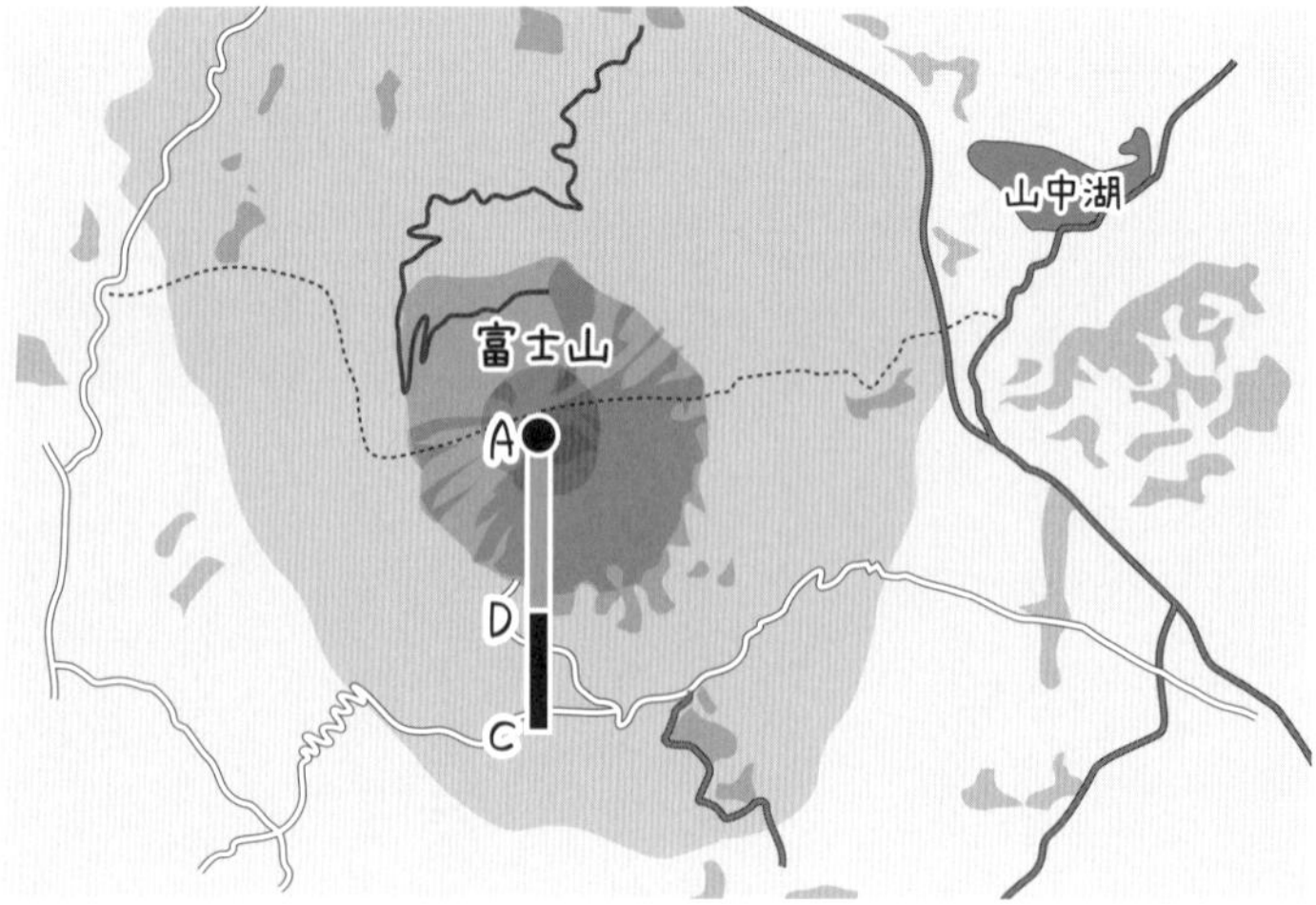

06 北海道や東京23区のへそはどこ？

◆町おこしでは「ヘソがどこか」は大きな問題？

「わが町は北海道の中心です」「日本のヘソはわが村だ」といった故郷自慢がある。これはたいていの場合、何となく「中心だ」といっていることが多く、近くの村に「オラが村のほうこそ…」と主張されると困ることになる。何らかの「根拠」を示さないと、「名物・日本のヘソまんじゅう」をつくっても説得力がない。

地理的に見た中心の候補はたくさんあるが、基本的には「重心」（「重力中心」の略）である。三角形には内心・外心・垂心・重心の4つの中心候補があるが、地理的なヘソとなると「重心」以外には考えにくい。

一番シンプルな形である三角形の場合、頂点と対辺の中点を結ぶ3本の直線は1点で交わる。それが「重心」となる。その点だけで他のすべてとバランスを取ることができるから、「ヘソ」といって何ら問題はない。

ヘソ(中心)を探し出すには……

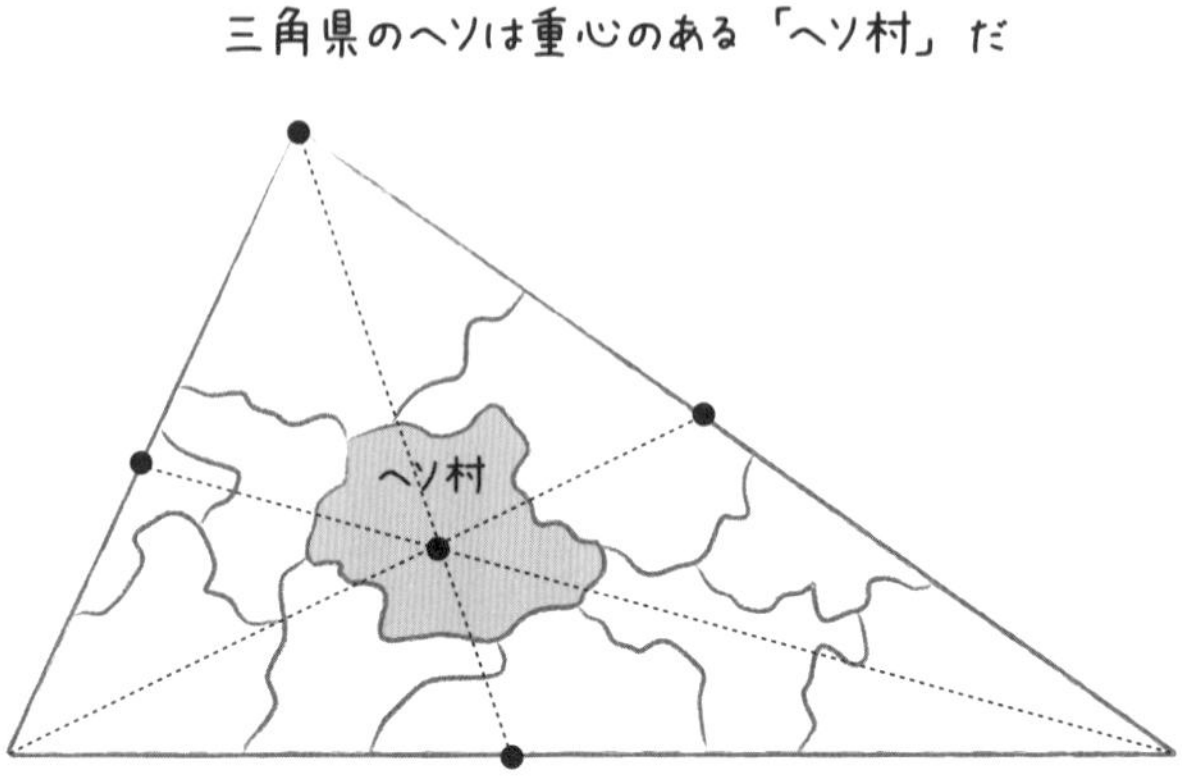

実際の県や町の中心を考える場合、「3辺の中点を取って、それと頂点とを結び…」といった単純な土地区画などしないだろう。簡単に重心（ヘソ）を計測するには、キリを使う。

ヘソを簡単に割り出す方法

まず、1つ目の方法は地形図を段ボールのようなものに切り取る。その後、指先なり、キリのような尖ったものを段ボールに当て、その地形図がバランスを取れる釣り合い点を探し出す。バランスの取れたところが重心なので、「わが町は××県のヘソです」と堂々と主張できる。

しかし、キリでバランスのいい地点を探すのはけっこうむずかしい。そこで、2つ目の方法として同じく段ボールで地形図を切り取り、適当なところにキリで穴を開けて、その穴に糸を通して糸

2つの糸から重心を求めることもできる

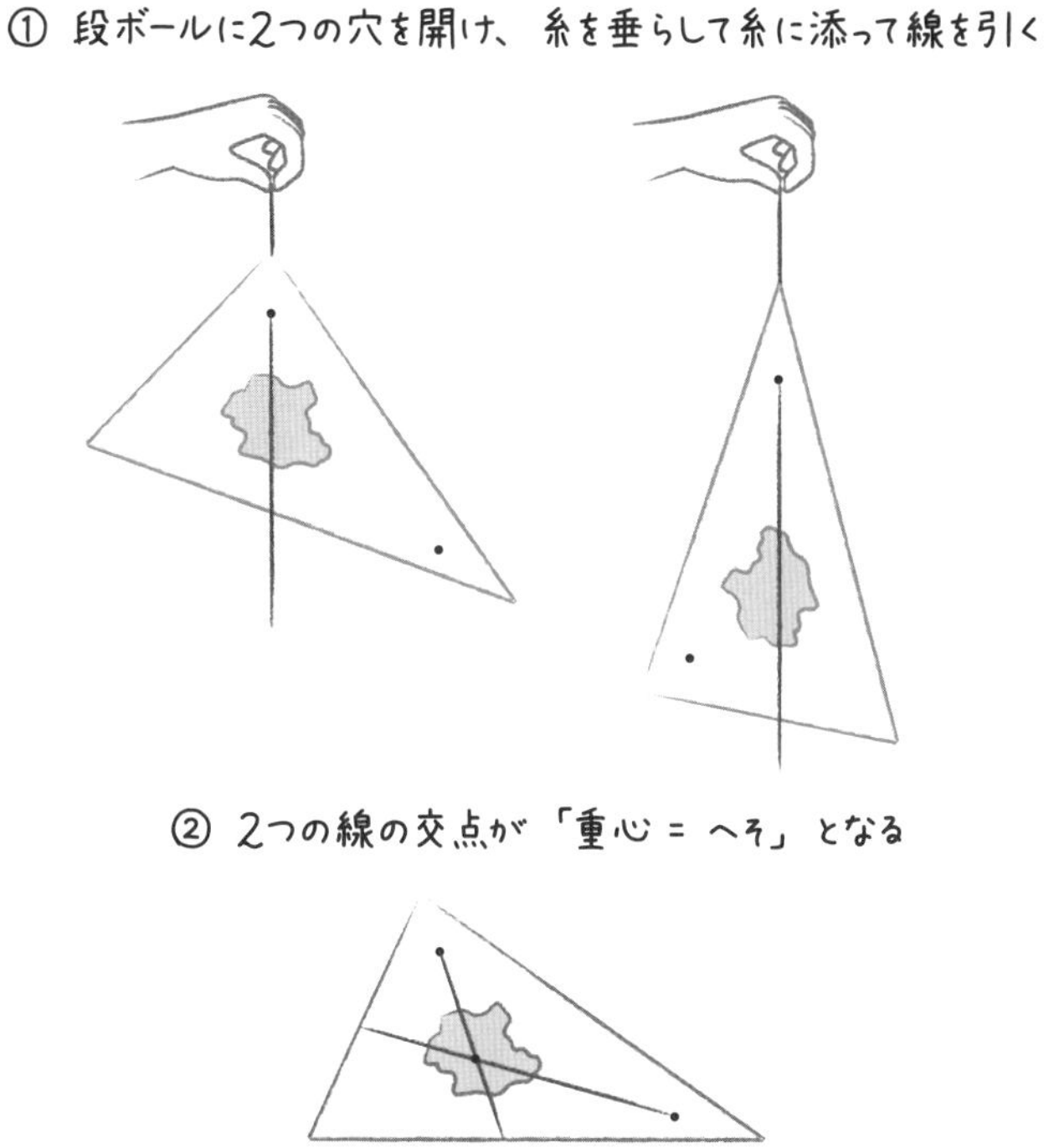
① 段ボールに2つの穴を開け、糸を垂らして糸に添って線を引く
② 2つの線の交点が「重心＝へそ」となる

の線を段ボールに書き込む。これを2箇所以上でやって交点を求めればいい。

もし、運悪く少しだけ重心の位置が違い、他の町にヘソを譲ってしまった場合にはどうするか。まだ方法はある。埼玉県のように西に山脈が連なっている場合、山の高さの重みを利用して少し立体的な地形図をつくりあげ、それで再度挑戦するという手もある。

PART 5

覆面算・虫食い算・小町算でアタマをひねる

01

ナンバープレートを見ると10にしたくなる心理

◆ところかまわず10をつくる

クルマを運転していると、前のクルマのナンバープレートがふしぎと気にかかるものだ。ついつい、4つの数字を使って「10をつくれないだろうか」と思ったりする。

そこで本節では、4つの数字から10をつくってみよう。2乗やルートなど面倒なものは使わず、「四則計算（＋－×÷）と括弧付きの計算」に限定する。数字の順番は特に問わない。ただし、使う数字は1～9までとする。一度10をつくれても、他にも思いもよらない解決方法があったりする。

たとえば、「1、2、3、4」の4つの数字を使ってみる。シンプルに足していくと、

1234　→　1＋2＋3＋4＝10

となる。他にも、

1234　→　1×（2×3＋4）＝10

４つの数字で「10」をつくる

（1）1256　　（5）2234

（2）1289　　（6）1345

（3）7778　　（7）2289

（4）9999　　（8）2399

1234 → $1 \times 2 \times 3 + 4 = 10$

1234 → $1 \times 4 + 2 \times 3 = 10$

1234 → $1 \times (3 \times 4 - 2) = 10$

1234 → $2 + 4 \times (3 - 1) = 10$

1234 → $2 \times 4 + 3 - 1 = 10$

と実に、多くの解法がある。

上の8つの問題でいろいろな解答を考えてもらいたい（次ページに筆者なりの解答をつくっておいた）。

（1）には解法が多数ある。また、（4）をどうやって10にするかは見物である。ヒントとしては、「引き算以外はすべて使う」というところか。

ぜひ、これらの問題に挑戦してもらいたい。

4つの数字で「10」をつくる

(1) 1256

$$1-2+5+6=10$$

$$\frac{5\times6}{1+2}=10$$

$$5\times\left(\frac{6}{2}-1\right)=10$$

$$\frac{2}{\frac{6}{5}-1}=10$$

$$\frac{6}{1-\frac{2}{5}}=10$$

(2) 1289

$$1\times(2\times9-8)=10$$

(3) 7778

$$8+\frac{7+7}{7}=10$$

(4) 9999

$$\frac{9\times9+9}{9}=10$$

(5) 2234

$$(2+3)\times\frac{4}{2}=10$$

$$2\times\left(3+\frac{4}{2}\right)=10$$

(6) 1345

$$\frac{4}{1-\frac{3}{5}}=10$$

(7) 2289

$$2\times\left(9-\frac{8}{2}\right)=10$$

(8) 2399

$$9+\frac{9}{3}-2=10$$

02

４つの「４」でアタマを使う

◆0～10までをつくり出せるか？

科学雑誌「ノレッジ」１８８１年の12月31日号に、「**４つの４**」というパズルが掲載された。数字の４を４つと、あとは数学記号を好きなだけ使って、できるだけ多くの（自然）数を表わすという問題である。

１８９１年にはラウズ・ボールという数学者がその著書の中で、１から１０００までの解が、９つの例外（113、157、878、881、893、917、943、946、947）を除いて可能であることを示している。この時、使ってよい数学記号は＋－×÷（加減乗除）、括弧、累乗、平方根、階乗、小数点、循環小数の循環節を表わす点とされた。

そこで、本書でも19世紀の雑誌「ノレッジ」に挑戦するべく、「４」を４つ使って、０～10までをつくる問題をあげておいたので挑戦してほしい。例題には１つずつ、解答例をあげてある。なお、44のような使用法も認める。

「4」を4つ使って0～10までをつくれ

参考までに、解答例を1つずつ入れておいた。同様にして0～10までを「4」を4つ使ってつくってほしい。

＋－×÷、（ ）、ルート、平方、階乗（！）、さらには数字を連ねて「44」のような表記も認める。

なお、階乗（！）とは、4！＝4×3×2×1のように整数を階段状に掛ける計算式を指している。よって、下記の「5」は「(44－4×3×2×1)÷4＝(44－24)÷4」を意味している。

$$0=4+4-4-4$$

$$1=4\times\frac{4}{4\times4}$$

$$2=\frac{4}{4}+\frac{4}{4}$$

$$3=\frac{4+4+4}{4}$$

$$4=4+4\times(4-4)$$

$$5=\frac{44-4!}{4}$$

※4！=4×3×2×1

$$6=4+\frac{4+4}{4}$$

$$7=4+4-\frac{4}{4}$$

$$8=4+4+4-4$$

$$9=4+4+\frac{4}{4}$$

$$10=\frac{44-4}{4}$$

また、小数点にしたくても0は使えないので、「.4」のようにして小数点「0・4」の代用とすることも認めよう。

さて、「4つの4」の問題については、以下のような別解が考えられる。

0の場合は、解答例では（4+4-4-4）とシンプルだが、次のようなものも考えられる。

$$0=4\times\frac{4}{4}-4$$

この0の解のアイデアをそのまま利用したのが、次の「1」である。

$$1=4+\frac{4}{4}-4$$

2では解答例以外にも2つの答えを用意した。なお、「44」の表記を利用している。

$$2=4-\frac{4+4}{4}=\frac{44+4}{4!}$$

3は解答例に似た形での解である。

$$3=\frac{4\times4-4}{4}$$

4でも階乗（!）を使ってみた。「4!」とは「4の階乗《かいじょう》」と読み、4×3×2×1=24となるものである。

$4=4!+4!-44$

5は3の別解で引き算だったところを、足し算に変えた計算である。

$5=\frac{4\times4+4}{4}$

6は小数点を使ってみた。

$6=4.4+4\times.4$

7、8は比較的簡単に処理できる。

$7=\frac{44}{4}-4$　　$8=4\times\frac{4}{4}+4$

9、10ではルート（平方根）を使ってみた。特に10はなかなかキビシイ。

$9=\frac{44}{4}-\sqrt{4}$　　$10=4+4+4-\sqrt{4}=\sqrt{4\times4\times4}+\sqrt{4}$

では、次ページの問題（例解付き）を腕試しにやっていただきたい。どれも知恵と時間をかけてもらう必要がある。

「4」を4つ使って11 ～ 20までをつくれ

例解のように、11 ～ 20までを、「4」を4つ使って考えてほしい。なお、＋－×÷、（ ）、ルート、平方、階乗、さらには「44」のような表記も認める。

$11=\frac{4}{4}+\frac{4}{.4}$

※「.4」は0.4を表す

$12=4+4+\sqrt{4\times4}$

$13=\frac{44}{4}+\sqrt{4}$

$14=4+4+4+\sqrt{4}$

$15=\frac{44}{4}+4$

$16=4+4+4+4$

$17=\frac{44+4!}{4}$

$18=4\times4+\frac{4}{\sqrt{4}}$

$19=4!-4-\frac{4}{4}$

※ $4!=4\times3\times2\times1$

$20=\frac{44-4}{\sqrt{4}}$

（解答は巻末に）

03

小町算は悲恋から生まれた？

1~9の数字で100をつくる

世界の三大美女といえば、クレオパトラ、楊貴妃《ようきひ》、そして小野小町《おののこまち》とされている。その小野小町に深草の少将が恋をし、九十九夜通い詰めたということに由来するのが「**小町算**」だ。小町算は「1~9の数字を1回ずつ使い、いかに99にすることができるか」という計算問題だ。48や123などのように数字を並べて使ってもいい。ただ、現在では99ではなく100で計算することが多いので、本書も

足し算・引き算だけで「小町算」

1) 123 - 45 - 67 + 89 = 100
2) 123 + 45 - 67 + 8 - 9 = 100
3) 123 + 4 - 5 + 67 - 89 = 100
4) 123 - 4 - 5 - 6 - 7 + 8 - 9 = 100
5) 12 + 3 + 4 + 5 - 6 - 7 + 89 = 100
6) 12 - 3 - 4 + 5 - 6 + 7 + 89 = 100
7) 12 + 3 - 4 + 5 + 67 + 8 + 9 = 100
8) 1 + 23 - 4 + 56 + 7 + 8 + 9 = 100
9) 1 + 23 - 4 + 5 + 6 + 78 - 9 = 100
10) 1 + 2 + 34 - 5 + 67 - 8 + 9 = 100
11) 1 + 2 + 3 - 4 + 5 + 6 + 78 + 9 = 100
12) - 1 + 2 - 3 + 4 + 5 + 6 + 78 + 9 = 100

掛け算も使って「小町算」

13) $(1+2-3-4)\times(5-6-7-8-9)$
　　$=-4\times(-25)=100$

14) $1+234-56-7-8\times9=100$

15) $1+234\times5\div6-7-89=100$

16) $1\times234+5-67-8\times9=100$

17) $12+3\times45+6\times7-89=100$

18) $1+2\times34-56+78+9=100$

19) $123+4\times5-6\times7+8-9=100$

20) $12+3\times4-5-6+78+9=100$

21) $12+3\times4+5+6+7\times8+9=100$

22) $12-3-4+5\times6+7\times8+9=100$

23) $1+2\times3+4\times5-6+7+8\times9=100$

24) $1\times2\times3-4\times5+6\times7+8\times9=100$

25) $1\times2\times3\times4+5+6+7\times8+9=100$

26) $1+2+3+4+5+6+7+8\times9=100$

27) $(1+2)\times34+(5+6)\times(7-8)+9=100$

マイナス × マイナスで
100 にするのは
すごいわ

そうしよう。

また、1~9までの順序を変えないという制約をつけることになっているが、1、2、3……とだんだん大きくなる正順と、9、8、7……とだんだん小さくなる逆順のどちらかで考えることが多く、使える記号も＋－×÷と括弧だけに限ることが多い。

数字をそのまま全部足しても45にしかならないので、ポイントはどのように2ケタ、3ケタの数をつくり、それを組み合わせて使うかということになる。

深草の少将は小町のもとに百夜、通おうとしたが……

ちなみに、「+」と「−」だけで100にする方法と、「×」を使った方法を134~135ページに載せておいた。これ以外にも数多くの方法があるので、考えてもらいたい。

◆小町算のルーツとは?

なぜ小町算というかは先ほども述べたが、実ははっきりしたことはわかっていない。

寛保三年（1743）に出版された中根彦循《げんじゅん》の『勘《かん》者《じゃ》御《おと》伽《ぎ》双《ぞう》紙《し》』には、小町算として163句の長さの長歌が掲載されている。そこには99まで長生きしようということと、1~10（漢数字の一、二、三…十）を使って99をつくる方法が書かれている。式ではなく歌の形なので、数字に意味をつけながら導き出す。

1×7+2×8+3×9+10×4=90

4、7、9は「よよ」「なな」「ここ」と（二重に）

読むので、その分を足して4+7+9=20で、

90+20=110

となる。そこで、まだ使っていなかった5と6を引くと、

110−(5+6)=99

となる。

これと同じつくり方が、元禄11年（1698）に出版された田中由真《よしざね》の『雑《ぞう》集《しゅう》求《ぐ》笑《しょう》算《さん》法《ぽう》』にも「通小《かよいこ》町《まち》九十九夜」という題で載っている。和算の最初の書物といわれる『塵劫記』には載っていないが、小町算はそれほど基本的なものとは考えられていなかったのか、まだ考案されていなかったのかはわからない。

「百夜通えば思いが叶う」と京都の山科《やましな》に住んでいた小野小町のもとに99日通った深草の少将が、哀れにも百日目の大雪の夜、小町の屋敷に向かう途中で亡くなったという冒頭の伝説は、残念ながら小町算とは関わりがないようである。

04

デュードニーの覆面算

◆「同じ文字には同じ数」が入る

覆面算とは、それぞれの文字が数字の0~9に対応した計算式である。次ページの図の式でいうと、Eが3箇所、O、M、Nが2箇所あり、それぞれのアルファベットには同じ数字が入る。もちろん、異なる文字には異なる数字が入る。そういうルールの下で算式を解いていく知的ゲームである。具体的な数字はわからないが識別できることが大きな特徴で、論理的に考えて1つ1つの覆面（文字）を外していくというものだ。

次の覆面算「SEND+MORE=MONEY」はイギリスのパズル作家、**デュードニー**（1857~1930）がつくったもので、覆面算の記念碑的な作品として知られている。覆面算は単純に文字が並んでいればいいのではなく、「SEND MORE MONEY（金を送ってくれ）」のように意味の通るウィットに富んだ「作品」に仕上げることが求められる。

さっそく解いてみよう。まずわかるのは、4ケタ同士の足し算で、その結果1ケタ増え

覆面算は「同じ文字＝同じ数字」がルール

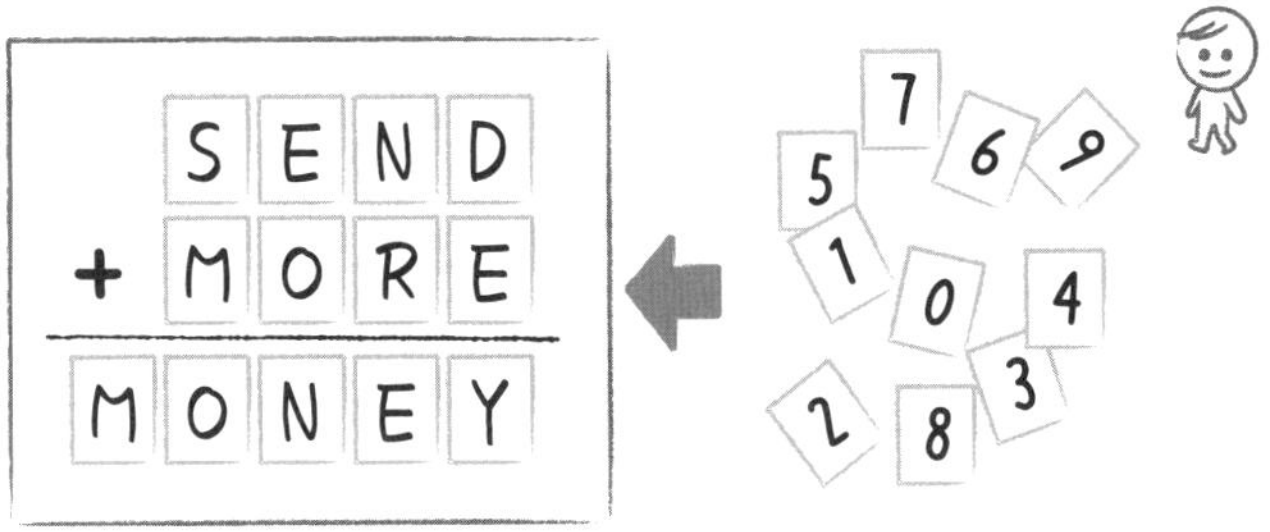

①0～9までの数字を入れる
②同じ文字は同じ数字となる

ているということ。繰り上がったから、$M=1$となる。ここが覆面算を解くための最初の目のつけどころだ。$M=1$だから、$S+M=S+1$。つまり、Sは1を足すと繰り上がる数字である。ということは、Sは8か9である（下位から繰り上がれば、$S=8$でもいい）。

　下位から繰り上がりがあるとすると、$SE+MO$の最大値は$98+18=116$となるが、$O \neq M=1$かつ2以上になることはできないので、$O=0$となる。$MO=10$がわかると、下からの繰り上がりがないので$S=9$と決まる。

　次に$O=0$で$E \neq N$だから、下位から繰り上がりがあることになって$N=(E+1)+0=E+1$となる。よって$N+R=10N+E$または$10N+E+1$でNに$E+1$を代入するとRは8か9になる。9はすでにSで使っているので、$R=8$となる。

覆面算では「繰り上がり」が解くポイントになる

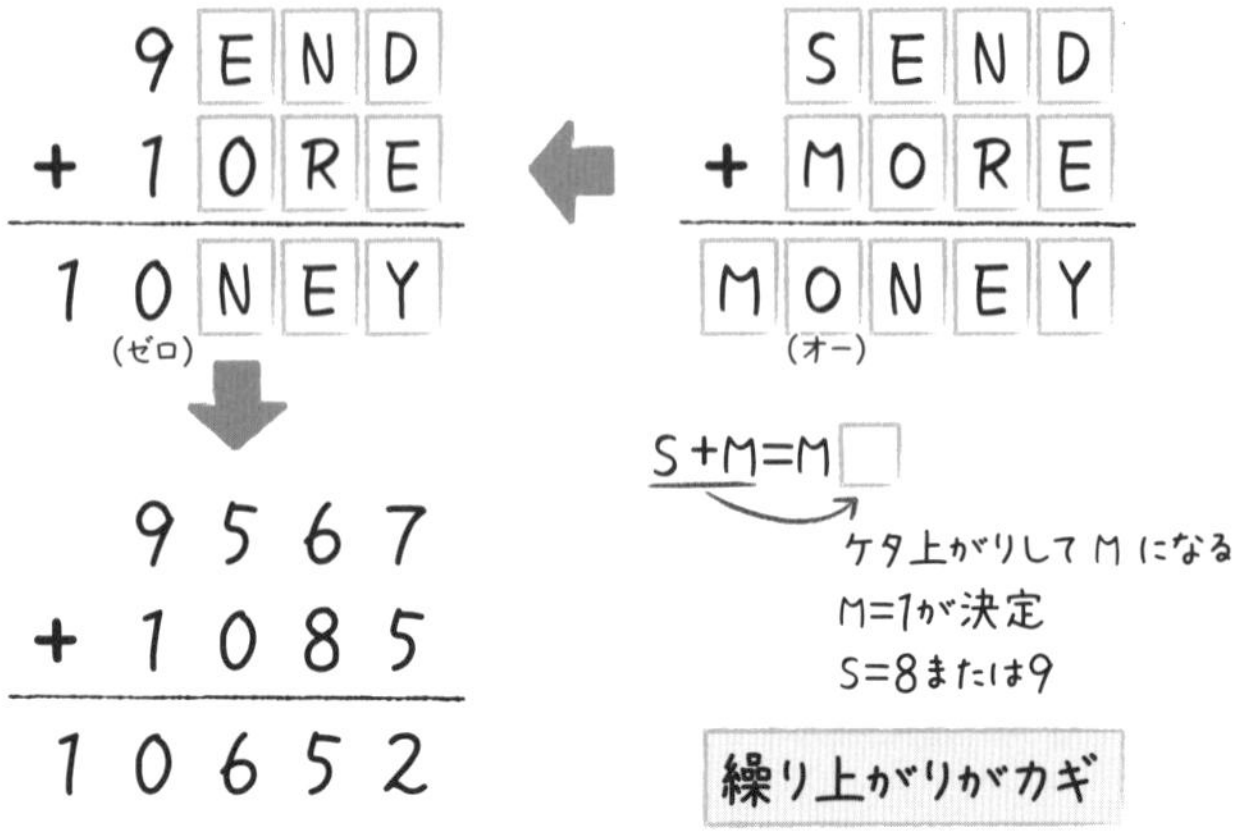

あとはEが3箇所あることに注目し、EとNが、判明している0、1、8、9以外であることを考えてしらみつぶしである。E=2、3、5、6、7とN=E+1だけで、1つ決めれば4箇所がわかるので、簡単に不可の場合を排除できて、上のような結果になる。

このような説明を見ていると非常にむずかしく感じるが、紙の上で1つずつ順を追って計算して考えると、少しずつ覆面がはがれていく。

慣れていない人のために、練習問題をやってみよう。繰り上がりのトレーニングばかりだ。覆面算は、繰り上がりがあるからこそ、たったこれだけの条件で答えが決まる。

最後に「朋友、最果て、西遊記」という問題をつくってみたのでトライしてほしい。

覆面算――練習問題

$$\begin{array}{r} \text{ア} \\ +\ \ \text{イ} \\ \hline \text{アウ} \end{array}$$

↓

答

$$\begin{array}{r} 1 \\ +\ \ 9 \\ \hline 10 \end{array}$$

$$\begin{array}{r} PQ \\ Q \\ \hline QP \end{array}$$

↓

答

$$\begin{array}{r} 89 \\ +\ \ 9 \\ \hline 98 \end{array}$$

$$\begin{array}{r} SS \\ +\ \ S \\ \hline ABC \end{array}$$

↓

答

$$\begin{array}{r} 99 \\ +\ \ 9 \\ \hline 108 \end{array}$$

$$\begin{array}{r} \text{アイ} \\ +\ \ \text{ア} \\ \hline \text{イウウ} \end{array}$$

$$\begin{array}{r} AB \\ +\ \ A \\ \hline CDC \end{array}$$

$$\begin{array}{r} YZ \\ +\ \ Z \\ \hline WXX \end{array}$$

→ 答えは次ページ

$$\begin{array}{r} \text{ほうゆう} \\ +\ \ \text{さいはて} \\ \hline \text{さいゆうき} \end{array}$$

→ 答えは次ページ

前ページの答え

二ツ目の答え

アイ	AB	Yz
＋　ア	＋　A	＋　z
イウウ	CDC	wxx
↓	↓	↓
91 答	92 答	95 答
＋　9	＋　9	＋　5
100	101	100

真打ちの答え

ほうゆう
＋　さいはて
さいゆうき
↓
9565 答
＋　1087
10652

05 覆面算で掛け算・割り算

覆面算の足し算は慣れただろうから、今度は掛け算や割り算の覆面算をやってみよう。

少しむずかしそうに思えるかもしれないが、実際にやってみると、それほどではない。

ぜひ、挑戦してもらいたい。

覆面算の掛け算のキホン練習

前座

```
  AA
×  A
────
  AA
  ↓
  11   答
×  1
────
  11
```

```
  AB
×  B
────
  CA
  ↓
  42   答
×  2
────
  84
```

真打ち

```
  AB
×  A
────
 CCC
```

```
  AB
× AB
────
 ACC
```

→ 答えは次ページ

前ページの答え

$$\begin{array}{r} AB \\ \times\quad A \\ \hline CCC \end{array} \rightarrow \begin{array}{r} 37 \\ \times\quad 3 \\ \hline 111 \end{array}$$

答

$$\begin{array}{r} AB \\ \times\quad AB \\ \hline ACC \end{array} \rightarrow \begin{array}{r} 12 \\ \times\quad 12 \\ \hline 144 \end{array}$$

答

覆面算の掛け算・割り算への挑戦！

割り算

$$\begin{array}{r} \text{きうき} \\ \text{あき} \overline{)\text{えをかかき}} \\ \text{えかき}\quad \\ \hline \text{いいか}\; \\ \text{いえく}\; \\ \hline \text{えかき} \\ \text{えかき} \\ \hline 0 \end{array}$$

掛け算

$$\begin{array}{r} \text{きます} \\ \times\qquad \text{ます} \\ \hline \text{います} \\ \text{ますと}\quad \\ \hline \text{かきます} \end{array}$$

「ま」と「す」の多さも1つのヒント。

（解答は巻末に）

06 虫食い算はどこから解く？

〝逆〟ダイヤル数に挑戦

$$ABCD \times 4 = DCBA$$

（解答は巻末に）

◆「逆ダイヤル数」を考えてみよう

上記の問題は「**逆ダイヤル数**」という。ふつう、ダイヤル数といえば「掛け算をした時に、その数の順序が変わらない（崩れない）数」をいう。たとえば、１／７は小数に直せば「0.1428571428…」と、永遠に続く循環小数だが、この「142857」に3を掛ければ、「428571」となる。これは「142857」の２番目の「４」からスタートした数と考えられ、ダイヤル数となる。その意味では「ABCD × 4 = DCBA」は掛けたら逆の並びになるのだから、逆ダイヤル数と呼んでもいいだろう。

これも覆面算の一種と考えていいだろうが、「ＡＢＣＤ」という文字（数字）が右辺では「ＤＣＢＡ」と逆順になっているところから、そう呼ばれている。まずは、自分で解いてもらいたい。

4倍して同じ4ケタになるのだから、A=1か、A=2かである。A=1とすると、ABCDという数字を4倍して最後に「1」になるのは不可能である。偶数になるのだから、A=2しかあり得ない……と考えていくと、かなり制限があるので答えも求めやすい。

◆虫食い算は「わかるところ」から

覆面算では、「違う文字は違う数字」という条件が有効に働いた。わからない数字は関係もわからない。つまり、そこが虫を食ったみたいになっているので**虫食い算**という。昔の大福帳を虫が食い、その数字が読めなくなった際に、周りの数字から類推したというころから「虫食い」の名前が来たようだ。

次ページで、虫食い算の代表的な問題を練習してみよう。一度に全部わかろうとすると、挫折する。ひとまず、パッと見てわかるところから書き込もう。たとえば、割り算の(1)の問題でいうと、下のほうに「23□」という部分がある。上から6を下ろしてくるのだから、この□は6である。その236からその下の「□□□」を引くと0になるのだから、「□□□=236」である。

ここまでは極めてやさしい。このようにすぐに判断できる部分を見つけていけば、少し

アタマをやわらかくする「虫食い算」

虫食い掛け算(1)

```
       □7
×      □□
----------
      □□□
      □5
----------
     □□□□
```

虫食い掛け算(2)

```
      □□□7
×      □□□
-----------
     □□203
    □□□□6
   □37□□
-----------
   □□□□□□□
```

虫食い割り算(1)

```
            □□□
      -----------
   □□ ) □□□□6
          □□
      -----------
          □□□
          4□3
      -----------
           23□
           □□□
      -----------
              0
```

虫食い割り算(2)

```
            □□8□□
      ---------------
   □□ ) □□□□□□□
        □□□
      ---------------
           □□
           □□
      ---------------
            □□□
            □□□
      ---------------
                1
```

(解答は巻末に)

ずつ解けていく。そうすると、次に当たり前になる部分が見つかる。ただし、すべてイモヅル式に解けるわけではない。

そこからは工夫と努力と忍耐であるが、推測を重ねるうちにアチラがわかり、コチラがわかりと、さっきまで不明だった部分がほどけるように解け、虫食い算が楽しくなる。「数独」というクイズが流行りだが、虫食い算はいわば数独の先祖みたいなものだ。

割り算(2)は余り１があるため割り切れていないので、要注意。ただ、商の８の前後が０であること、除数（左の２ケタ）の10の位が１であることがすぐにわかるので、それを手がかりに解けばいい。

最後に、「虫食い算の王」とも呼ばれる「７つの７」と「ファインマン問題」を掲載しておこう。「７つの７」は１９０６年にＷ・バーウィックという数学者が発表した問題で、芸術的な虫食い算の元祖とまで考えられている。

そして、それに優るとも劣らない難問が、あのファインマンの出した問題である。ヒントなしで、巻末に解答のみ掲載したので、われこそはと思う人は挑戦してみてほしい。いずれの問題も、難問中の難問として知られている。

虫食い算の難問――「7つの7」

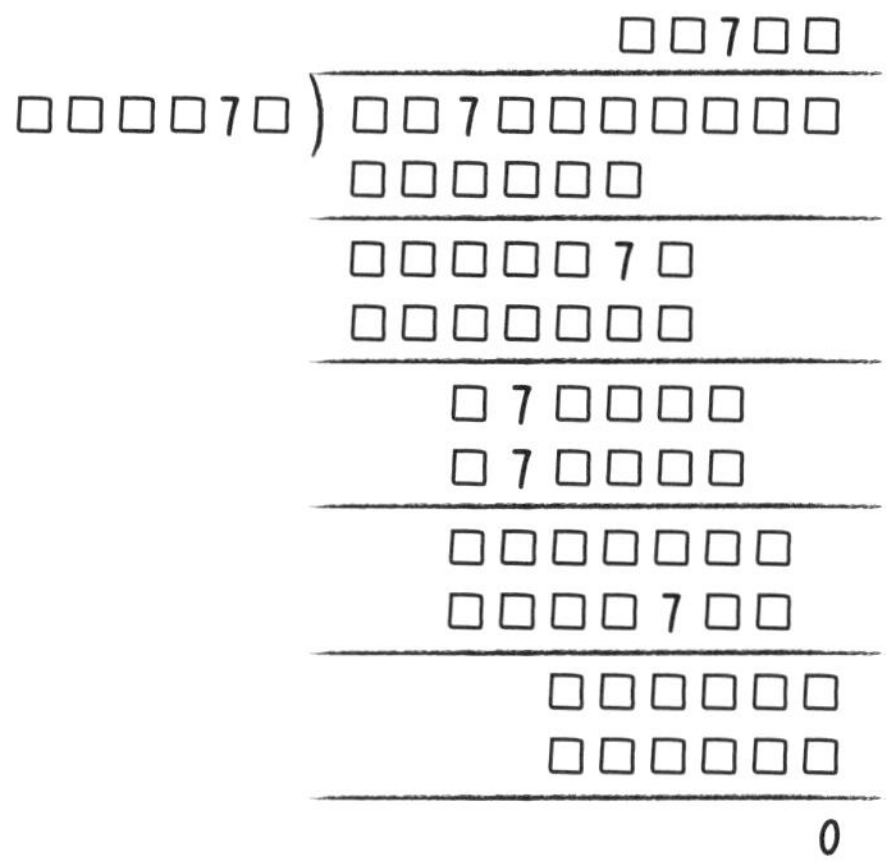

虫食い覆面算の難問――「ファインマン問題」

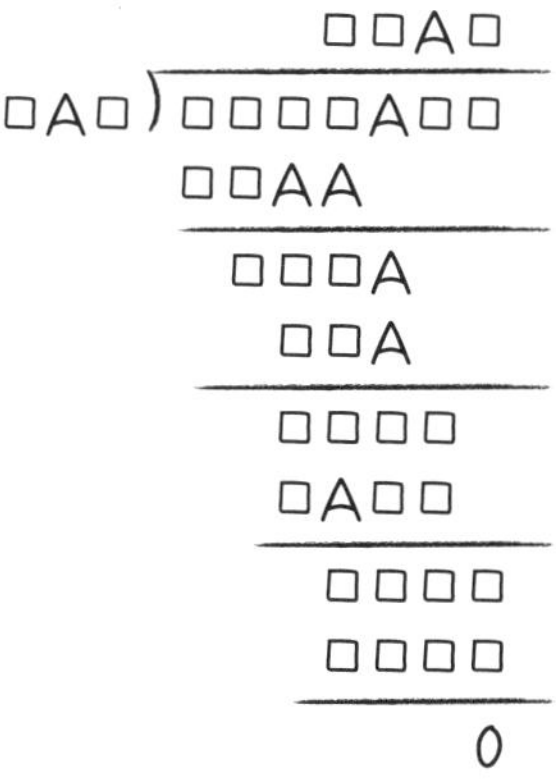

（解答は巻末に）

PART 6

論理パズルで状況を見抜く！

01 川渡りパズル――初級入門

◆皇太子のご進講だった「川渡り」問題

「川渡り問題」というパズルがある。この最初の問題は、「狼とヤギとキャベツの川渡り」といわれている。8世紀にフランク王国の王シャルルマーニュ（カール大帝）の相談役を務めた修道士アルクィンが、皇太子の教育教材の1つとして考案したという。

初級問題1

2人の子供を連れたお父さんが川岸に来た時、船は一艘《そう》しかなかった。しかも重量制限があって、一度に大人1人、あるいは子供2人までしか乗れない。どういう手順で船に乗れば全員が向こう岸へ渡れるか？

まずは超入門の川渡り問題で慣れてもらいたい。こういう問題には「書かれていない条件」（たとえば「子供1人でも漕げる」など）があるが、それに変に引っかかってはいけ

どういう手順で川渡りをするのか

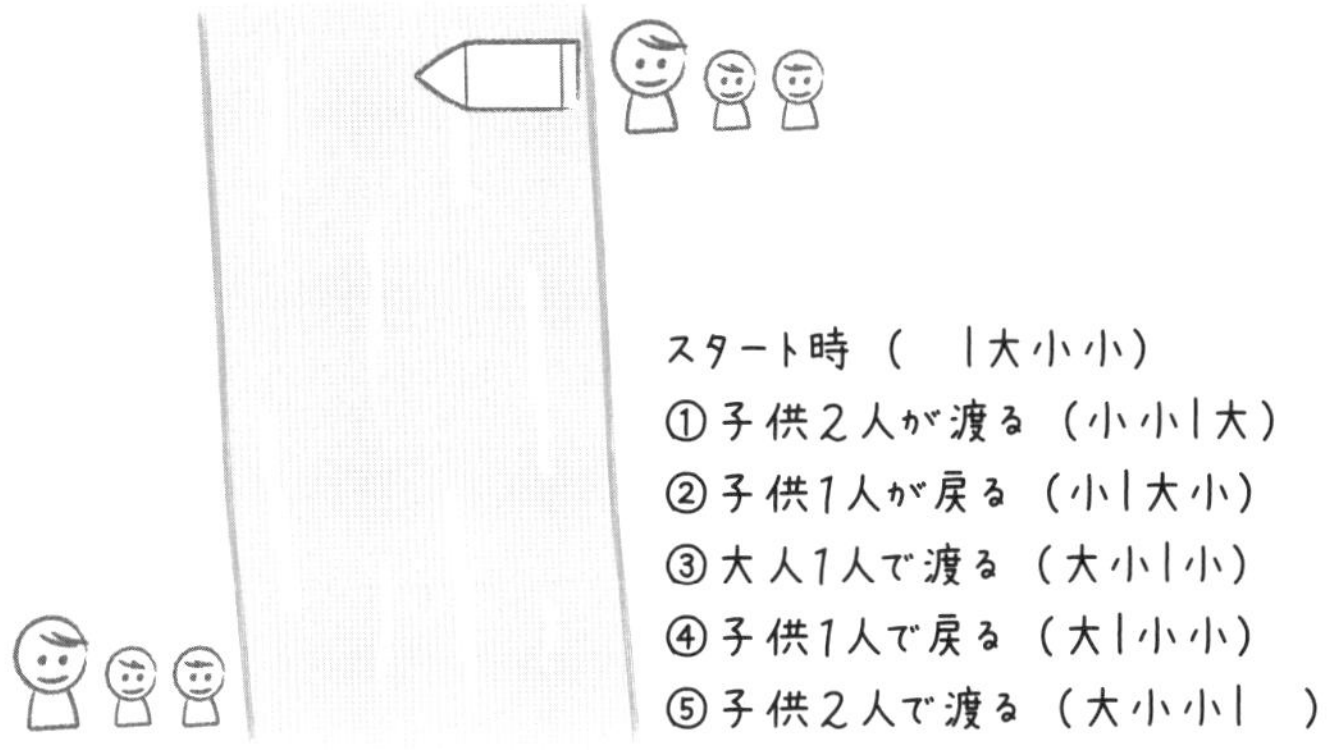
スタート時（　｜大小小）
①子供2人が渡る（小小｜大）
②子供1人が戻る（小｜大小）
③大人1人で渡る（大小｜小）
④子供1人で戻る（大｜小小）
⑤子供2人で渡る（大小小｜　）

ない。答えは次のようになる。

①子供が2人で渡る。
②子供1人が元の岸に戻る。
③大人が1人で渡る。
④向こう岸の子供が1人で戻る。
⑤子供が2人で渡る。

解答としてはこれでよいが、もっと詳しく見てみよう。まず、ありうるパターンは次のようになる（「｜」は川のこちら岸と向こう岸を表わしている）。

（大小小｜　）、（大小｜小）、（大｜小小）、（小小｜大）、（小｜大小）、（　｜大小小）

問題は（大小小｜　）を（　｜大小小）に変えることになり、そのためには次のようにすればよい。

（大小小―　）↓（大―小小）↓（大小―小）↓（小―大小）↓（小小―大）↓（　―大小小）

◆川渡りの変形問題

初級問題２

狼とヤギを連れた人が、キャベツをかごに入れて川に差し掛かった。船を漕げるのは人間だけで、同乗できるのは狼、ヤギ、キャベツのうちの１種類だけ。人が一緒にいないと狼はヤギを食べ、ヤギはキャベツを食べてしまう。ただし、狼はキャベツを食べない。どういう手順で渡ったらよいか？

同様の変形問題に「農夫とキツネとガチョウと豆の袋の川渡り」というのもあるが、考え方は同じである。前問のように人、狼、ヤギ、キャベツを「人、狼、ヤ、キ」と略記する。（人狼ヤキ―　）を（　―人狼ヤキ）に変えればよい。

ありうるパターンは、$16=2^4$通りだが、

（人狼―ヤキ）、（人キ―狼ヤ）、（ヤキ―人狼）、（狼ヤ―人キ）、（狼ヤキ―人）、（人―狼ヤ

オオカミとヤギ、ヤギとキャベツを分離せよ

スタート時（ ｜人・狼・ヤ・キ）	スタート時（ ｜人・狼・ヤ・キ）
①人がヤギを連れて渡る（人・ヤ｜狼・キ）	①人がヤギを連れて渡る（人・ヤ｜狼・キ）
②人が戻る（ヤ｜人・狼・キ）	②人が戻る（ヤ｜人・狼・キ）
③人がキャベツを載せて渡る（人・ヤ・キ｜狼）	③人が狼を連れて渡る（人・狼・ヤ｜キ）
④人がヤギを連れて戻る（キ｜人・狼・ヤ）	④人がヤギを連れて戻る（狼｜人・ヤ・キ）
⑤人が狼を連れて渡る（人・狼・キ｜ヤ）	⑤人がキャベツを載せて渡る（人・狼・キ｜ヤ）
⑥人が戻る（狼・キ｜人・ヤ）	⑥人が戻る（狼・キ｜人・ヤ）
⑦人がヤギを連れて渡る（人・狼・ヤ・キ｜ ）	⑦人がヤギを連れて渡る（人・狼・ヤ・キ｜ ）

キ）の6つのパターンにはできないので、可能なのは残りの10通りである。2種類一緒にできるのは「狼キ」しかないので、次のように考えられる。

（人狼ヤキ―　）↓（狼キ―人ヤ）↓（人狼キ―ヤ）↓（狼―人ヤキ）↓（人ヤ狼―キ）↓（ヤ―人狼キ）↓（人ヤ―狼キ）↓（　―人狼ヤキ）

他のパターンを経由する方法もある。

（人狼ヤキ―　）↓（狼キ―人ヤ）↓（人狼キ―ヤ）↓（キ―人狼ヤ）↓（人ヤキ―狼）↓（ヤ―人狼キ）↓（人ヤ―狼キ）↓（　―人狼ヤキ）

これで（キ―人狼ヤ）と（人ヤキ―狼）の2つを加えて10種のすべての状態が出てきたので、これ以外の方法はないだろう。面倒だが、パターンを書き出してみると考えやすい。すでに前にあった状態に戻らないようにするだけで、無駄な思考が節約される。

02

川渡りパズル――上級へのアタック

◆タルターリアの川渡り問題

次の「川渡り問題」は、3次方程式の解法で有名なイタリアのタルターリア（1499〜1557）が提案した問題だ。

上級問題

3人の嫉妬深い夫たちがそれぞれの妻を連れて川を渡ろうとしたが、2人乗りのボートが1艘しかない。そこで協定を結んだ。両岸であってもボートの中であっても、夫が妻の側にいない限り、妻は他の男と一緒にいてはいけないことにする。さて、どういう手順で渡ったらよいか？

3組の夫婦を、「A男・A子」「B男・B子」「C男・C子」として区別しよう。ルールとしては、「A男とC子」だけが向こう岸に渡って残ったり、「A子とB男」が2人で船に

嫉妬深い夫たちを心配させないためには

		A男・A子、B男・B子、C男・C子
①A子・B子	A子とB子が渡る ←	A男 B男 C男 C子
②A子	B子が戻る →	A男 B男 B子 C男 C子
③A子・B子・C子	B子とC子が渡る ←	A男 B男 C男
④A子・B子	C子が戻る →	A男 B男 C男 C子
⑤A男・A子、B男・B子	A男とB男が渡る ←	C男 C子
⑥A男・A子	B男とB子が戻る →	B男 B子 C男 C子
⑦A男・A子、B男・C男	B男とC男が渡る ←	B子 C子
⑧A男、B男、C男	A子が戻る →	A子 B子 C子
⑨A男、B男・B子、C男・C子	B子とC子が渡る ←	A子
⑩A男、B男・B子、C男	C子が戻る →	A子 C子
⑪A男・A子、B男・B子、C男・C子	A子とC子が渡る ←	

乗ってはいけないという、ちょっと気恥ずかしい問題である。解答は前ページのようになる。これ以外にも、⑩でC子が戻らずに、A男が戻ってもいい。

「1+1=2」のような手順の決まっている問題は得意なコンピューターが、このような手順の定まっていない問題にどう対応するかという意味で、川渡りの問題は「人工知能の問題」としても知られている。パズル的な楽しみとして考えられがちだが、このように人工知能の研究にまで応用されているのだ。どんなテーマであっても、とことん追究すると深い問題を提起するということだろう。

03

正直者、ウソつき者に関係なくうまく質問する技術

◆正直村に行くための的確な質問法

問題

あるところに、ウソつき村と正直村があった。いま、1本道を歩いて来た旅人がちょうど分岐点に差し掛かったら、1人の男がいた。彼がどちらの村の人かはわからない。ウソつき村の人も、正直村の人もお互い無口で、「はい」か「いいえ」しか答えない。唯一違うのは、ウソつき村の人はウソしかいわず、正直村の人は本当のことしかいわないということ。質問は1回だけしか許されない。さて、正直村に行くには、どういう質問をすればよいか？

よくある問題だが、論理的に考えないと間違える。単純な質問ではうまくいかない。質問も答えの解釈も複雑なものを考える必要がある。正解は、道を指差しながら「あなたの

正直村に行くには、どう聞けばいい？

ハイ、イイエ
しか答えないよ
正直村?
ウソつき村?
正直村?
ウソつき村?
質問は1回きりか

村へ行くのはこっちの道ですか？」と尋ねることである。「正直村に行く道はどっちか？」とは聞いていない。「あなたの村はこっちか？」と聞くところがミソである。

なぜ、これが正解なのか考えてみよう。もし、指を差した方角が正直村への道の場合、正直村の人ならば「はい」というはずだ。逆に、ウソつき村の人ならば、自分の村ではないので「はい」とウソをつくはずだ。

もし、指を差した方角がウソつき村への道の場合はどうだろうか。正直者ならば「いいえ」と正直に答え、ウソつき者ならば自分の村なので「いいえ」とウソをつくというわけだ。だから、答えが「はい」だったらその道を選び、「いいえ」だったら反対の道を素直に選べばいいということになる。

◆イジワル人間に対処するには

もう少し現実的な設定に変更しよう。いま、あなたが山で道に迷ってしまい、分岐点で山から里に戻る道を聞くとする。分かれ道にいる人が意地悪でわざとウソをつく人か、正直な人かわからない。さて、どのように尋ねればいいだろうか？

この場合、一方の道を指差しながら、「『この道が里に向かう道か？』と聞かれたら、あなたは『はい』と答えますか？」と尋ねる。複雑な質問である。

もし、指差したのが里への道の場合、正直者なら「はい」と答え、ウソつき者なら「いいえ」とウソを答えるところなので反対の「はい」という。もし、指差したのが里への道でない場合、正直者なら「いいえ」と答え、ウソつき者なら「はい」とウソを答えるところなので、反対の「いいえ」という。

どちらの答え方でも、状況の違いによって反転させるというのがポイントである。

04 色とりどりのパラドックス

◆自己矛盾のクレタ人

前節は、ウソつきは「いつでもウソをつく」という設定を利用して、正直者かウソつき者かを見破ることができるという話だった。ワンパターンには対応しやすい。

困るのは、ウソをついているかどうかわからない相手だ。古代から多くの人がウソに悩まされてきた。『新約聖書』にも、次のようなウソつきの話がある。

「ある預言者（クレタ人）が次のようにいった。
『クレタ人はいつもウソをつく。悪い獣で、怠惰な大食漢だ』
この言葉は当たっている。だから、彼らを厳しく戒めて信仰を健全に保たせ、ユダヤ人のつくり話や真理に背を向けている者の掟に心を奪われないようにさせなさい」

このクレタ人はエピメニデスという哲学者で、「クレタ人はウソつきだ、とクレタ人がいった」というパラドックスの原型である。また、「ダヴィデ王が『すべての人はウソつきだ』といった」というパラドックスもある。ダヴィデ王が自身を人を超越した者と考えているのであれば別だが、自己矛盾だ。これは、「ある紙の上に『この文は誤りである』と書かれていた」というパラドックスとも似ている。これらのパラドックスを正当化するというか、止揚《しよう》するために現代的な論理学が生まれたといえなくもない。この他にもいろいろとあるので、あまり数学的にむずかしくないものをいくつか紹介しておこう。

【砂山のパラドックス】

砂山から1粒の砂を取り除いても砂山には変わりはない。しかし、砂山の砂粒といえども有限だから、いつか1粒になることになる。その場合も砂山といえるのか？

【ハゲ頭のパラドックス】

髪の毛が1本もなければハゲである。ハゲの人の毛が1本増えてもハゲである。となると、どんな人の髪の毛の数も有限だから、すべての人はハゲである。

「砂山のパラドックス」で言及しているのは、砂漠や砂丘ほどの大きさではなく、せいぜい町の公園や幼稚園の砂場程度。砂粒が多いといっても有限である。人間の毛髪だってせ

砂山はどこまで「砂山」といえるのか？

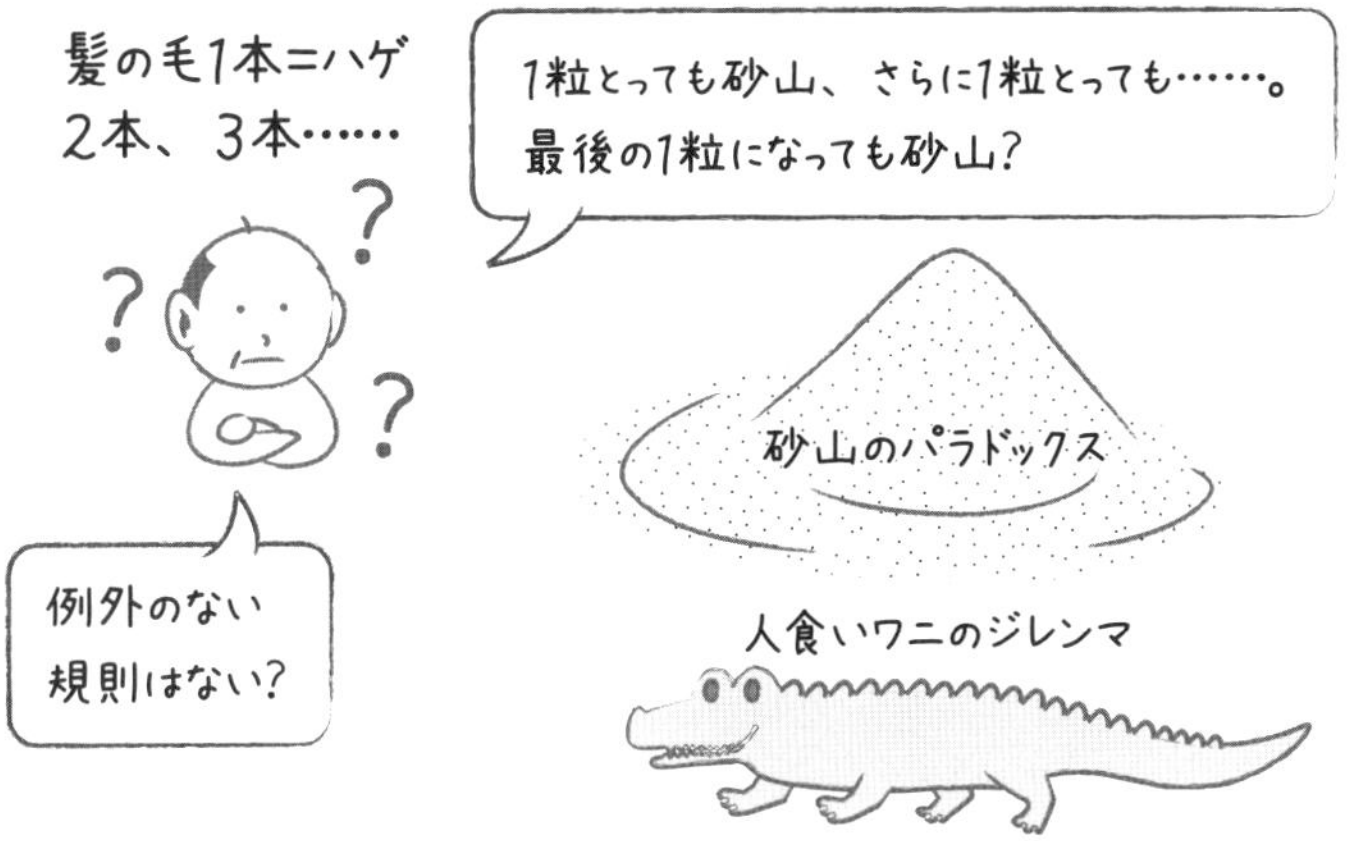
髪の毛1本＝ハゲ
2本、3本……
1粒とっても砂山、さらに1粒とっても……。
最後の1粒になっても砂山？
例外のない
規則はない？
砂山のパラドックス
人食いワニのジレンマ

いぜい10万本くらいで、多いといっても無限ではない。砂粒の集まりと砂山との間に明確な境目がないように、髪の毛の場合も同じである。細いものなので、１００本あってもおそらくハゲていると感じるだろう。何本からハゲでなくなるという明確な境目がないのである。

【例外のない例外のパラドックス】

「例外のない規則はない」という規則に例外はあるのか？

これらは一般に自己言及のパラドックスという。主張自身が、主張する主体や媒体などに直接関係するような状況であって、「ウソつきのクレタ人」や「ウソと書かれた紙」などと同じ範疇に入る。自分のことを客観的に述べることのむずかしさといえるかもしれない。

【人食いワニのジレンマ】

人食いワニが子供を人質にとり、その母親に「自分がこれから何をするかいい当てたら子供を食べないが、不正解なら食べる」といった。これに対し、母親が「あなたはその子を食べるでしょう」と答えた。ワニはどうすればよいのか。

ワニがその子を食べたなら、母親は何をするか当てたことになるから、食べてはいけないことになる。ワニがその子を食べなければ、不正解になるわけで、食べてよいことになるが、食べた瞬間、正解となる……。というわけで、ワニはどうすることもできないジレンマに陥ることになる。

ただ、食べないことが確定したわけではない。食べることも食べないこともできない状況に追い込み、いわば時間稼ぎをしたに過ぎない。しかし、関係者の命の尽きるまで時間稼ぎができるのなら、実質的に子供の命は救われたことになるかもしれない。論理と現実のギャップという問題でもある。

【床屋のパラドックス】

ある村でたった1人の床屋は、自分でヒゲを剃らない人全員のヒゲを剃り、それ以外の人のヒゲは剃らない。この場合、床屋自身のヒゲは誰が剃るのだろうか？

「実は、床屋は女性だった…」というオチはここでは考えない。床屋自身のヒゲを剃らないのなら、床屋が剃らないといけなくなる。自分でヒゲを剃るのなら、床屋はヒゲを剃ることができないことになる。

05

なぜ、アキレスは亀に追いつけないのか？

◆あきらかに間違っているのに、反論できない

アキレスと亀のパラドックスで有名なゼノンは、紀元前5世紀に活躍した古代ギリシアの哲学者である。ゼノンはエレア派哲学の創始者パルメニデスの弟子である。

師匠のパルメニデスはそれまでのギリシア哲学の流れを変え、「感覚」より「理性」を信じる立場を確立した。理性でのみ把握される不生《ふしょう》不滅《ふめつ》の「有」の世界と、感覚で把握される生成流転する世界の二層構造を見出した。そもそも変化するとは、「ある」ものがなくなり、「ない」ものがあるようになることであり、それは認められないという立場である。

ゼノンはそれを弁護し、補強するために、「運動不能論」ともいうべきパラドックスを提示したといわれている。

無限の点と、有限の時間のジレンマがたくさん……

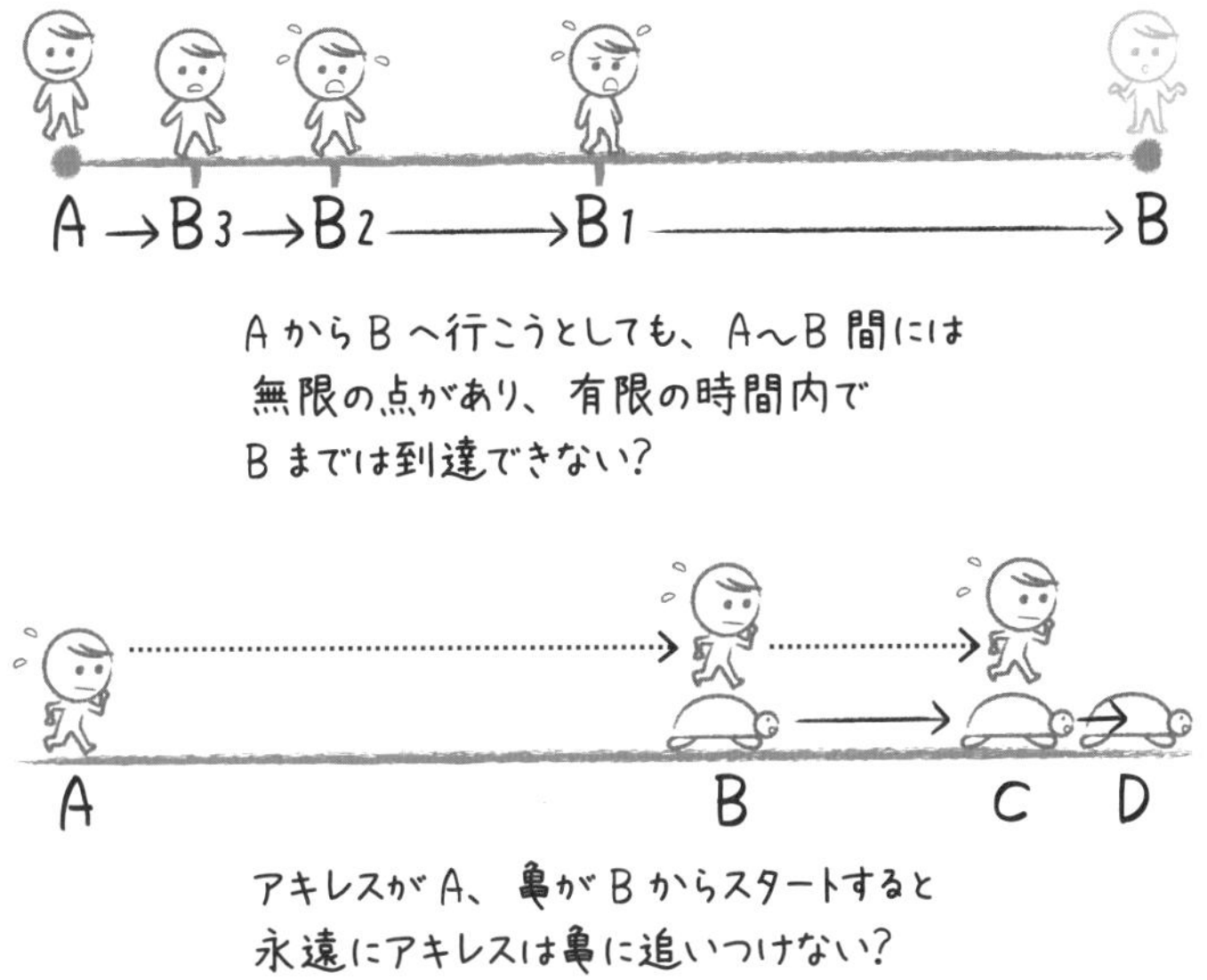

◆2分法——無限の点を有限の時間で通過できない

2地点A、Bを考える。AからBへ行くためには、距離がちょうど半分の中間地点B_1に到達する必要があるが、その中間点B_1に到達するには、さらに中間点（半分の距離）のB_2に到達しなければならない。さらに、B_2に到達するためにはその中間点B_3に到達する必要がある……。

こう考えていくと、AからBに到達するためには「無限の点」に到達しなくてはならず、有限の時間内でA〜B間の無限の点を経由することは不可能である。

◆アキレスとカメ――速いのに追い抜けない？

アキレスといえば、強くて俊足で有名な古代ギリシアの英雄だ。彼が亀と競走することになった。同じ位置からでは不公平ということで、亀より後ろから出発することになった。この時、カメよりほんの少しでも後ろからスタートすれば、アキレスは永遠に亀を追い抜けないというパラドックスだ。

なぜなら、アキレスが亀のスタートしたＢ地点にやって来た段階ではすでに少し前のＣ地点に進んでおり、その位置までアキレスが来た段階では亀はまた前のＤ地点を行っており、さらにその位置にまで行くと亀は遅いながらも少しは前に進んでいる……というようにアキレスが亀のもといた地点まで辿り着いた時には、亀は必ず少し前に進んでいるため、永久にアキレスは亀に追いつけない……。

アリストテレスが「走ることの最も遅いものですら、最も速いものによって決して追いつかれないであろう」といっているように、アキレスと亀という設定でなければ、これほど長い間、人々の関心を惹きつけられなかったに違いない。

有限と無限――２０００年前のパラドックスだが、いま聞いても「あれ？」と思わせられるところが、ゼノンの面白さであり、素晴らしさだ。

PART 7

「最短最速の方法」を選び出せ！

01 少ないオモリで量れる重さは？

問題

いま、1グラムから15グラムまでの15個の製品がある。これを天秤《てんびん》を使って4つのオモリだけで量りたい。どういう重さのオモリの組合せであれば可能か？

最近では重さを量るのに、体重計もキッチン用のはかりもデジタルが多くなったが、かつては天秤を用いるのが常だった。というより、精密に量ろうとすれば現在でも天秤を使う。量りたいものとオモリを天秤の受け皿に乗せて、バランスをとって量る。

さて、数学のクイズで出てくるオモリの問題といえば、「できるだけ少ないオモリを使って、できるだけ多くのものの重さを量りたい」というものだ。右の問題はそういう意味では基本問題である。

「1、2、4、8」gのオモリで15gまでを量れる理由

製品の重さ	オモリ 8グラム	4グラム	2グラム	1グラム
1				○
2			○	
3			○	○
4		○		
5		○		○
6		○	○	
7		○	○	○
8	○			
9	○			○
10	○		○	
11	○		○	○
12	○	○		
13	○	○		○
14	○	○	○	
15	○	○	○	○

2進法と同じ

2進法の表示 $8=2^3$	$4=2^2$	$2=2^1$	$1=2^0$
0	0	0	1
0	0	1	0
0	0	1	1
0	1	0	0
0	1	0	1
0	1	1	0
0	1	1	1
1	0	0	0
1	0	0	1
1	0	1	0
1	0	1	1
1	1	0	0
1	1	0	1
1	1	1	0
1	1	1	1

◆オモリを両方の受け皿に置く場合

天秤で製品を量る場合、「1、2、4、8」グラムの4つのオモリを使えば、1～15グラムのすべての計量が可能となる。これに「16」グラムのオモリを加えれば、31グラムまでの製品を計量することができる。

ということは、63グラムまでなら「32」グラムのオモリを加えればいいと推測できる。どうしてそうなるのだろうか。

1、2、4、8、16というオモリの数字はすべて2の累乗で、次のような形でも表わせる（括弧の後の小さな「2」は2進数の数字を示している）。

$1=(1)_2$　$2=(10)_2$　$4=2^2=(100)_2$　$8=(1000)_2$　$16=(10000)_2$

「1、2、4、8」の4つのオモリであれば1～15まで、「1、2、4、8、16」の5つのオモリであれば、31の数字まで扱えることがわかる。たとえば13なら13=1+4+8だから、1と4と8のオモリを置けばよいし、31なら31=1+2+4+8+16だから、すべてのオモリを置けばよい。コンピュータの内部計算で使われている2進法も使い方次第というわけだ。

◆オモリも製品も一緒に乗せられる場合

ふつうの計量では一方の受け皿に製品、もう一方の受け皿にオモリを置くが、製品とオモリを一緒に乗せるという方法も考えられる。この場合、どういうオモリを用意すれば少ない個数で多数の重さを計量できるだろうか。類推するのはかなりむずかしいと思うので答えを先にいうと、「1、3、9、27、81、２４３」グラムのオモリを用意すればいい。つまり3進数で考えるというわけだ。

「1、3、9、27」グラムの4つのオモリを使えば、1～40グラムのすべての製品の重さを量れる。これに「81」グラムのオモリを加えれば、１２１グラムまでのすべての製品を計量できる。さらに「２４３」グラムのオモリを加えれば、３６４グラムまでのすべての製品の重さを量ることができる。

両側にオモリを置くと、計量できるものは3進法に

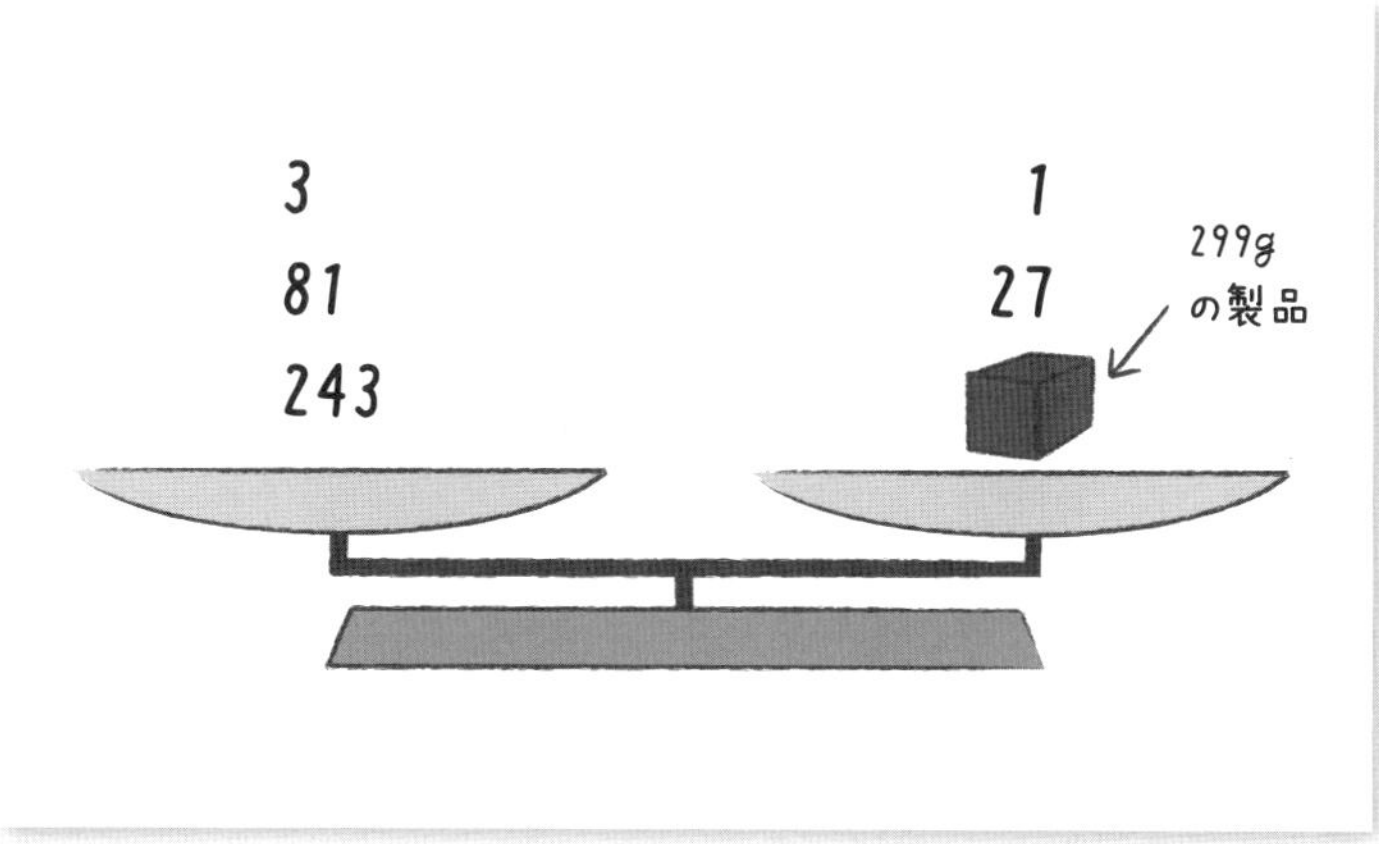

たとえば、299グラムの製品の重さを6つのオモリで量ろうとすれば、上図のように5つのオモリを置けばよい。

加法だけの場合には2進法表示が有効だったが、オモリを製品の皿と一緒に乗せてもよい場合には、3進法表示を考えるとうまくいく。3進法表示を$(\ )_3$とすれば、

$1=(1)_3$　$3=(10)_3$　$9=(100)_3$

$27=(1000)_3$　$81=(10000)_3$

と表わせることから、6つのオモリを使うと3^6、つまり3進法で$364=(111111)_3$まで量れることになる。

ちなみに、3進法で299を表わしてみると、

$299=(102002)_3=243+81+3-27-1$

となり、上の置き方と同じになる。

02

ニセ金貨を素早く見分ける

◆「重い」とわかっている場合

問題
いま、18枚の金貨がある。このうち1枚のニセ金貨があって、ホンモノよりも重いという。天秤を使って3回以内で見つけ出すにはどのようにすればよいか。

ニセ金貨が重いか軽いかわからないとなると難易度が上がるが、それがわかっている問題は比較的簡単な部類に入る。まずは肩慣らしとして一問やってみよう。そして次節で同じく「重いか軽いか」がわかっている問題を数パターン解いた後、「重いか軽いか不明」の上級問題を解くことにしよう。

方法としては、天秤に金貨を乗せて釣り合えばすべての金貨はホンモノである。ということは、天秤の金貨が釣り合わなければ、どちらかの中に必ずニセ金貨があるということになるが、それがどちらなのかはわからない。

18枚の金貨の中の1枚を探せ！

さて、問題を考えよう。18枚の金貨の中に1枚だけ、「重い」ニセ金貨が入っている。

1回目の計測――まず、18枚の金貨を6枚ずつの2組（計12枚）を取って天秤に掛ける。ここで天秤のバランスが取れれば、残り6枚の中にニセ金貨がある。バランスが取れなければ、ニセ金貨は重い6枚のほうにある。どちらの場合でも重いニセ金貨の入った6枚の組をつくることができる。

2回目の計測――重い6枚の金貨を3枚ずつに分けて天秤に掛ける。必ずどちらかが重くなるので、ニセ金貨はその重いほうの中にある。

3回目の計測――重いほうの3枚のうち、2枚の金貨を選択して天秤に掛ける。もしバランスが取れれば、残り1枚がニセ金貨だ。バランスが取れなければ、重いほうがニセ金貨となる。

こうすれば、3回の計測でニセ金貨を見つけ出せる。

ただし、他にも方法がある。たとえば2回目の計測で重いほうの6枚を3枚ずつではな

重いニセ金貨の見つけ方

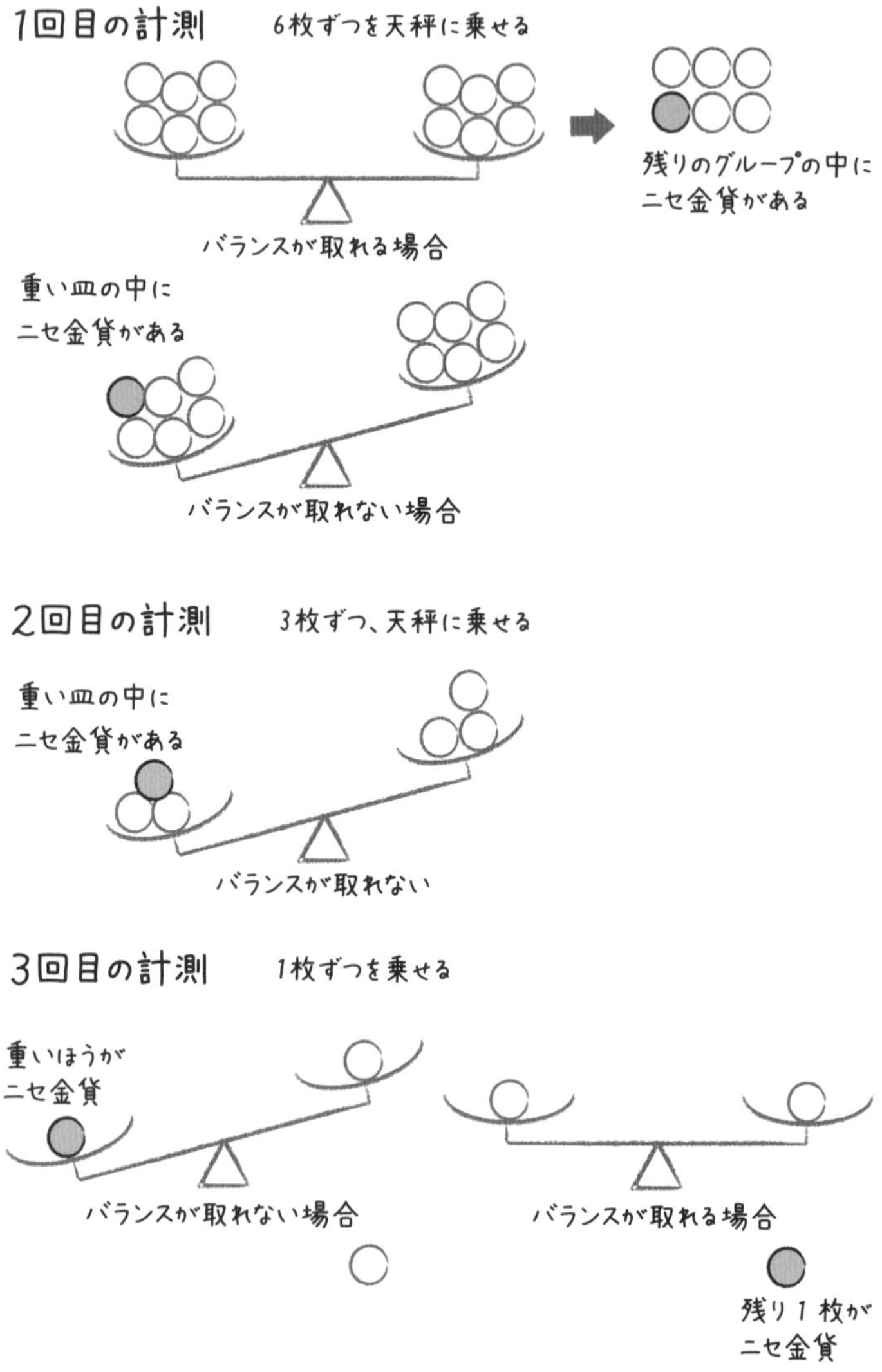
1回目の計測
6枚ずつを天秤に乗せる
残りのグループの中に
ニセ金貨がある
バランスが取れる場合
重い皿の中に
ニセ金貨がある
バランスが取れない場合
2回目の計測
3枚ずつ、天秤に乗せる
重い皿の中に
ニセ金貨がある
バランスが取れない
3回目の計測
1枚ずつを乗せる
重いほうが
ニセ金貨
バランスが取れない場合
バランスが取れる場合
残り1枚が
ニセ金貨

く、2枚ずつに分けて天秤に掛ける。ここでバランスが取れれば、残り2枚のうちどちらかがニセ金貨となる。

もし2回目でバランスが取れなければ、重いほう（2枚）にニセ金貨があることになるので、それを3回目の計測に使う。いずれにせよ3回の計測でニセ金貨を見つけ出すことができる。

03

ニセ金貨を見分ける――重い・軽いがわかっている時

◆1回でニセ金貨を見つけ出す

ここでは、再度ニセ金貨が「重い」（または「軽い」）とわかっているパターンの問題を考えてみよう。ニセ金貨問題としては比較的簡単な部類だが、何事もキホンが大事。特にニセ金貨問題では、「分けて考える力」をつけておくことだ。

問題1

３枚の金貨がある。そのうちニセ金貨は１枚で、少し重いことがわかっている。１回だけ天秤を使ってニセ金貨を探し出せ。

ニセ金貨が「重い」または「軽い」とわかっていれば、１回でわかる最大の枚数はこの問題のように３枚である。

金貨に番号をつけて説明しよう。①と②の金貨を比較して釣り合うことを①＝②、①のほうが重いことを①＞②、①のほうが軽いことを①＜②とする。

さて、この問題では金貨が3枚しかなく、ニセ金貨は「重い」とわかっている。まず、①と②を天秤で比べて、①＝②なら③がニセ金貨とわかる。①＞②なら①がニセ金貨で、①＜②なら②がニセ金貨である。

◆9枚の金貨からニセモノを2回の計測で探し出す

さて、ニセ金貨が重いか軽いかがわかっていれば（どちらでも同じなので重いということにする）、実は3回天秤を使うことで27枚の金貨からでも見つけ出すことができる（後述の問題3参照）。その考え方を説明するために、まずは問題2を見てみよう。天秤を2回使う場合の最大数は9枚である。これも、そう簡単ではない。

> **問題2**
> 9枚の金貨がある。そのうちニセ金貨は1枚で、少し重いことがわかっている。2回だけ天秤を使ってニセ金貨を探し出せ。

さて、この問題では金貨が9枚あるので「4枚ずつ2グループに分けて…」では遅い。

①〜③、④〜⑥、⑦〜⑨の3枚ずつのグループに分け、まずは①〜③と④〜⑥の2組を比較する。

①〜③＝④〜⑥なら、⑦〜⑨の中に重い金貨があるはずなので、問題1より、あと1回の計量でどれが重い金貨かがわかる。なぜなら、問題1では「重い」とわかっていれば、3枚の金貨から1枚のニセ金貨をたった1回で見つけ出せることを示したからだ。

同様に①〜③＜④〜⑥の場合は、重い④〜⑥の中にニセ金貨がある。逆に①〜③＞④〜⑥であれば、重い①〜③の中にニセ金貨がある。いずれの場合も、問題1より、あと1回でわかる。

◆27枚から3回の計測でニセモノを探し出す

問題3

27枚の金貨がある。そのうちニセ金貨は1枚で、少し重いことがわかっている。3回だけ天秤を使ってニセ金貨を探し出せ。

この問題もニセ金貨は「重い」とわかっている。金貨の数は27枚と一気に増えたが、考え方は同じで9枚ずつの3つのグループ（①〜⑨、⑩〜⑱、⑲〜㉗）に分ける。まずは①

～⑨と⑩～⑱とを比較する。

①～⑨＝⑩～⑱であれば⑲～㉗の中にニセ金貨があり、問題２（９枚の金貨から１枚のニセ金貨を２回で見つけ出す）より、あと２回で見つけられる。①～⑨＞⑩～⑱であれば、①～⑨の中にニセ金貨がある。逆に①～⑨＜⑩～⑱であれば⑩～⑱の中にニセ金貨があり、問題２よりあと２回で見つかる。

　このようにニセモノが「重いか、軽いか」がわかっていれば、比較的簡単にニセ金貨を見つけられる。ただ、たとえば９枚の金貨からは２回の計測で見つけられるが、それが４枚でも２回必要とする。どんなに頑張っても１回では不可能だ。１回でわかるのは３枚の場合で、４～９枚は２回、10～27枚は３回となる。なお、28枚以降から４回かかり、その回数でわかる最大数は81枚である。もちろん、最初に27枚ずつに３等分してそのうちの２つを比べればいい。

04 ニセ金貨を見分ける——上級問題

◆ニセモノが重いか軽いかがわかっていない

ニセ金貨の重さがホンモノに比べて重いか軽いかすらわかっていないと、状況は極端にむずかしくなる。たとえば、金貨が3枚の時を考えてみよう。うまく①=②となれば③がニセ金貨と1回でわかるが、①＜②あるいは①＞②の時にどちらがニセなのかは、ホンモノの③と比べないとわからない。だから、3枚でも2回はかかるし、重いか軽いかがわからないこともある。

問題1

4枚の金貨がある。そのうちニセ金貨は1枚で、重いか軽いかはわからない。2回だけ天秤を使ってニセ金貨を探し出せ。

4枚の金貨だから、まず①と②のように1枚ずつ比べるしかない。なぜなら、これまで

「重い・軽い」がわからない時

のように複数枚で①②と③④とを比べてみたところで、どちらにニセ金貨があるかの情報はまったく増えないからだ。

①＝②なら、①と②はホンモノの金貨だ。ホンモノとわかった①を使い、③と比べる。ここで①＝③なら、④がニセ金貨である（ただし、④が重いか軽いかはわからない）。もし①＜③か①＞③であれば、③がニセ金貨になる。ニセ金貨は①＞③なら軽く、①＜③なら重いこともわかる。

①＜②であったとする。残りの③④はホンモノの金貨であることがわかるから、①と③

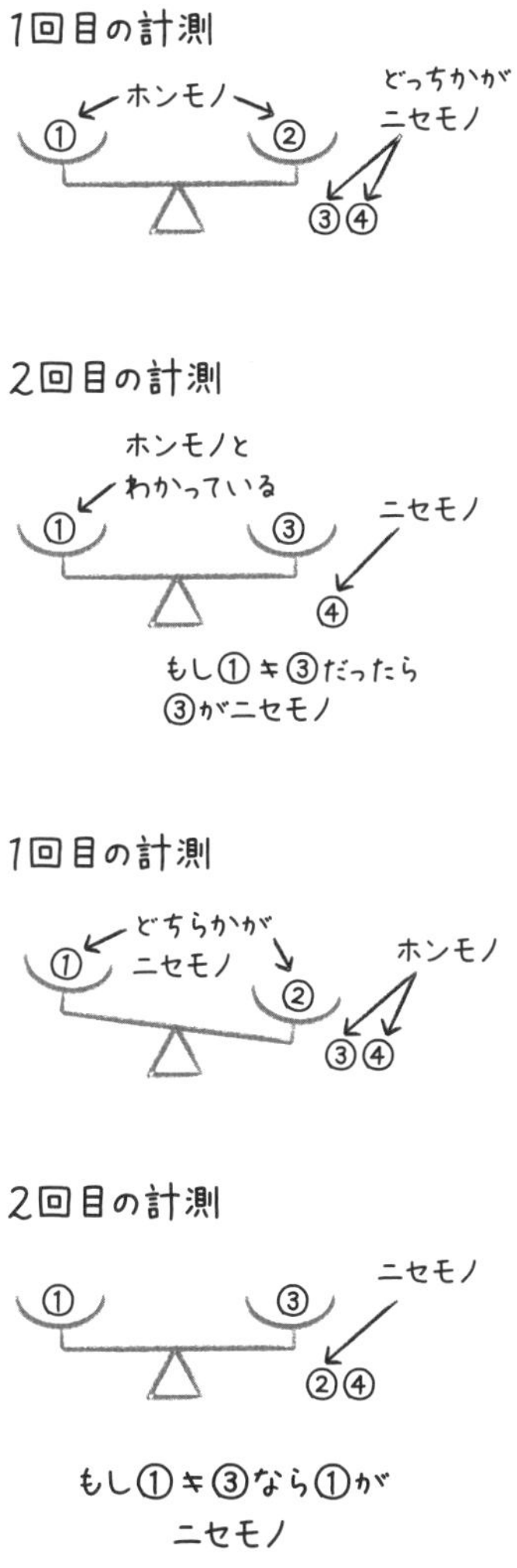

を比べる。①＝③なら、②が重いニセ金貨になる。①＜③なら①が軽いニセ金貨で、①＞③なら①が重いニセ金貨である。ニセ金貨が重いのか軽いのかがわからないと、このようにたった4枚でもいろいろと考えなければならない。

問題2
12枚の金貨がある。そのうち1枚はニセ金貨で、重いか軽いかはわからない。3回だけ天秤を使ってニセ金貨を探し出し、重いか軽いかも決めよ。

まず、①～④と⑤～⑧を比べる。①～④＝⑤～⑧の場合、ニセ金貨は⑨～⑫の中にある。問題1よりあと2回でどれがニセ金貨かはわかるが、重いか軽いかまではわからない。そこで、すでに正しいとわかっている金貨も使って、⑧⑨と⑩⑪を比べる。

⑧⑨＝⑩⑪の場合（次ページA参照）、⑫がニセ金貨だとわかる。⑧と⑫とを比べれば⑫が重いか軽いかも決まる。

⑧⑨＜⑩⑪の場合（次ページB参照）、⑩と⑪を比べる。⑩＝⑪であれば、⑨がニセ金貨で軽い。⑩＜⑪であれば、⑪がニセ金貨で重い。⑩＞⑪であれば、⑩がニセ金貨で重い。

⑧⑨＞⑩⑪の場合（次ページC参照）、⑩と⑪を比べる。⑩＝⑪であれば、⑨がニセ金貨で重い。⑩＜⑪であれば⑩がニセ金貨で軽い。もし、⑩＞⑪であれば、⑪がニセ金貨で

12枚の中から1枚のニセ金貨を見破る①

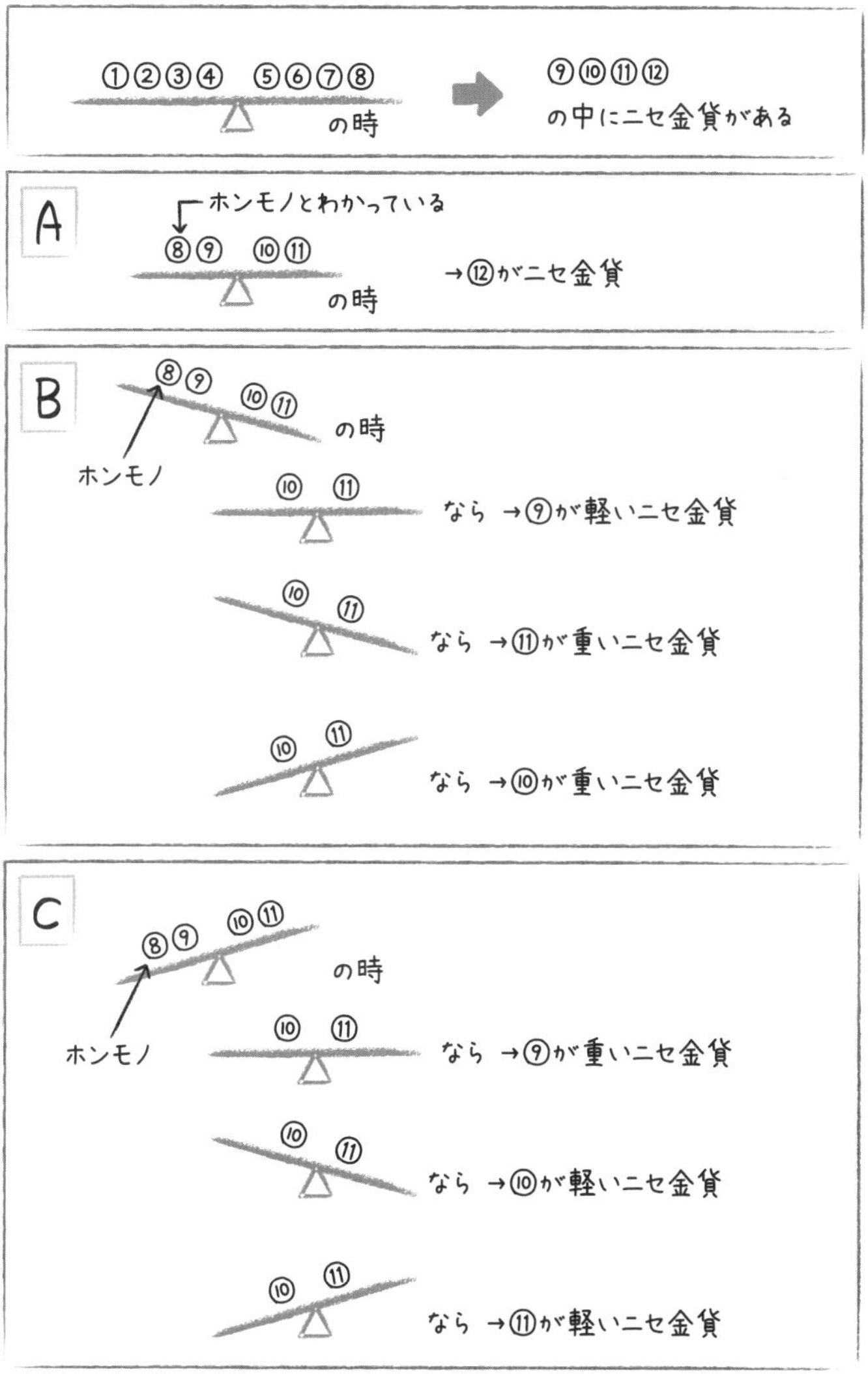

軽い。

さて、最初の比較で①〜④＜⑤〜⑧か、①〜④＞⑤〜⑧になった時が問題である。ニセ金貨はこの8つの中にあることになる。どちらでも同じ考え方でできるので、①〜④＜⑤〜⑧であるとする。

まず最初に、①②⑤と③④⑥を比べる。①②⑤＝③④⑥の場合（次ページA参照）、⑦⑧のうち重いほうがニセ金貨となる。たとえば、①と⑦を比べて①＝⑦なら、⑧が重いニセ金貨。①＜⑦なら⑦が重いニセ金貨となる。①＞⑦ということは起こらない。

①②⑤＜③④⑥の場合（次ページB参照）、①②⑥の中にニセ金貨がある。なぜなら、⑤は「重い天秤皿→軽い天秤皿」へと動かし、③④は「軽い天秤皿→重い天秤皿」へと動かしたにもかかわらず、天秤の重量関係に変化がない。ということは、ニセ金貨は「動かさなかった①②⑥」の3つの中にあることになる。そこで、①と②を比べる。①＝②なら⑥が重いニセ金貨である。①＜②あるいは①＞②なら、軽いほうがニセ金貨だ。なぜなら、最初の天秤の計量で①〜④＜⑤〜⑧だったので、①〜④のほうにニセ金貨がある以上、それは軽いニセ金貨であるからだ。こうして①＜②なら①がニセ金貨、①＞②なら②がニセ金貨と決まる。

①②⑤＞③④⑥の場合（前ページC参照）、最初の①〜④＜⑤〜⑧という天秤の重量関

12枚の中から1枚のニセ金貨を見破る②

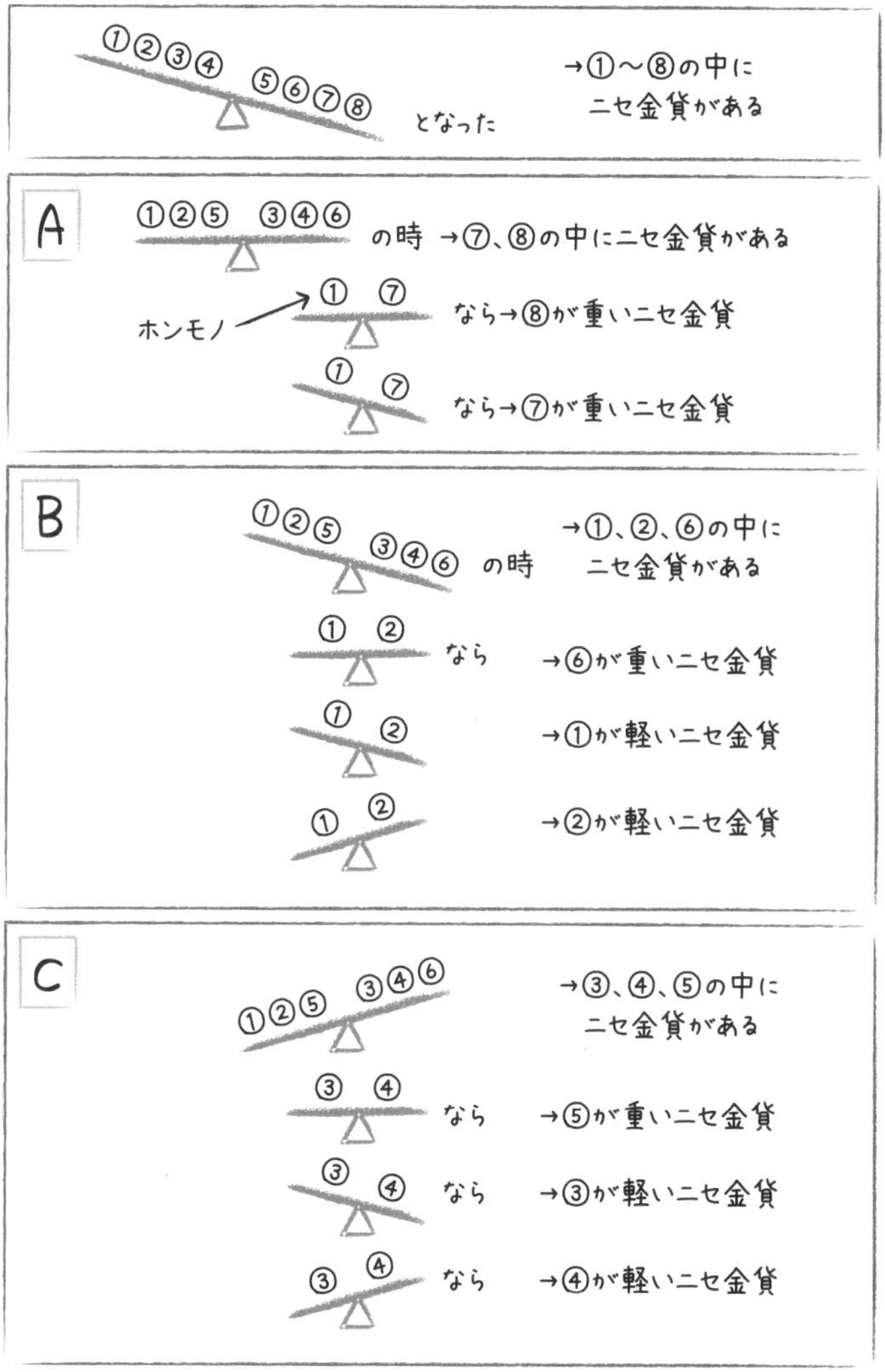
①②③④ ⑤⑥⑦⑧
となった
→①～⑧の中にニセ金貨がある
A
①②⑤ ③④⑥
の時 →⑦、⑧の中にニセ金貨がある
ホンモノ
① ⑦
なら→⑧が重いニセ金貨
① ⑦
なら→⑦が重いニセ金貨
B
①②⑤ ③④⑥
の時
→①、②、⑥の中にニセ金貨がある
① ②
なら
→⑥が重いニセ金貨
① ②
→①が軽いニセ金貨
① ②
→②が軽いニセ金貨
C
①②⑤ ③④⑥
→③、④、⑤の中にニセ金貨がある
③ ④
なら
→⑤が重いニセ金貨
③ ④
なら
→③が軽いニセ金貨
③ ④
なら
→④が軽いニセ金貨

係が逆転したことになる。ということは、「重い天秤皿↓軽い天秤皿」あるいは「軽い天秤皿↓重い天秤皿」へと動かした金貨の中にニセがあるはずだ。よって、③～⑤の中にニセ金貨がある。そこで③と④を比べる。③＝④なら⑤が重いニセ金貨であり、③＜④あるいは③＞④なら軽いほうがニセ金貨だ。なぜなら、最初の天秤の計量で①～④＜⑤～⑧だったので、①～④のほうにニセ金貨がある以上、それは軽いニセ金貨であるからだ。こうして③＜④なら③がニセ金貨、③＞④なら④がニセ金貨となる。

PART 8

視点を変えれば
ルートも変わる

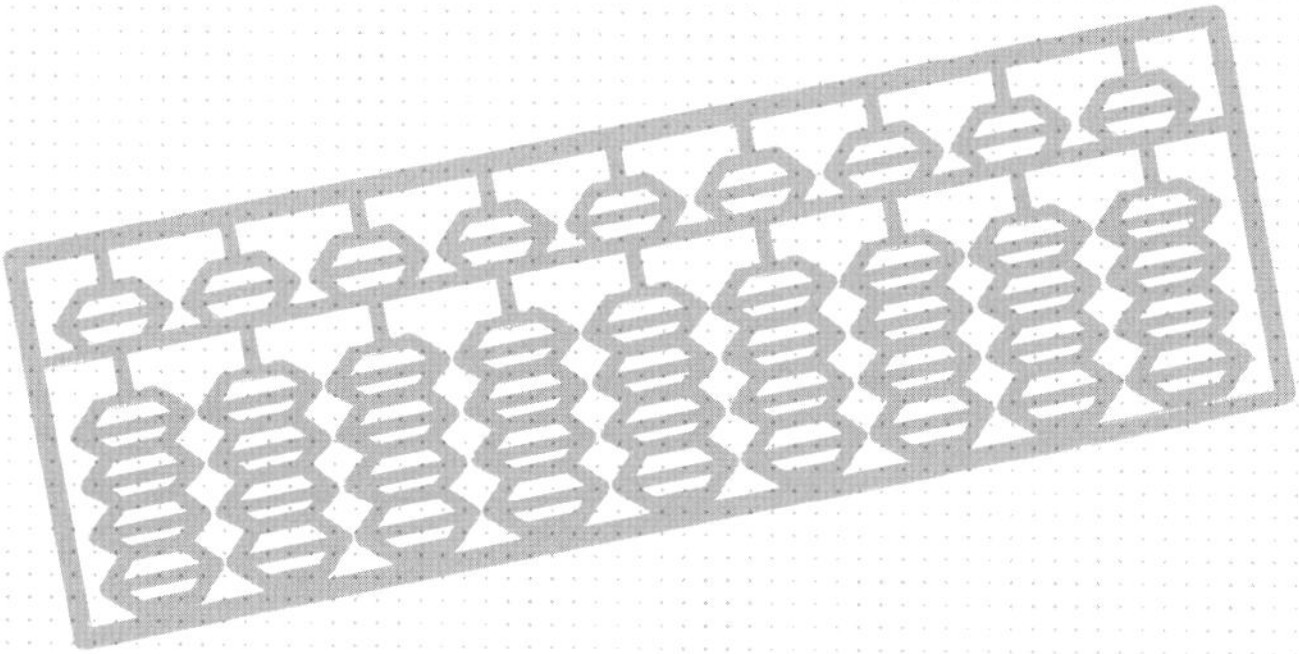

01

「自転車」で円周率を求める

◆アルキメデスの挟み撃ち法

円周率π《パイ》は、3.14159265358979……と規則性もなく永遠に続く数で、超越数という名前がついているくらい特別な数だ。円周率は文字通り「直径に対する円周の割合」ということで、アルキメデスがすでに紀元前に3.14まで求めている。それは「挟み撃ち法」で求められた。

円に内接する正6角形、外接する正6角形を描くと、円は2つの正6角形に挟まれた形になる。当然、外周の長さは、

内接する正6角形＜円＜外接する正6角形

という関係になる。円周の求め方は（2×π×半径なので）直径が1の円の場合、円周はちょうど円周率の数に相当する。ここで、2つの正6角形の辺の中点を取って、正6角形→正12角形→正24角形→正48角形→正96角形と増やしていけば、両側の内接・外接する図

円周率を「内周＜円周（π）＜外周」から攻めていく

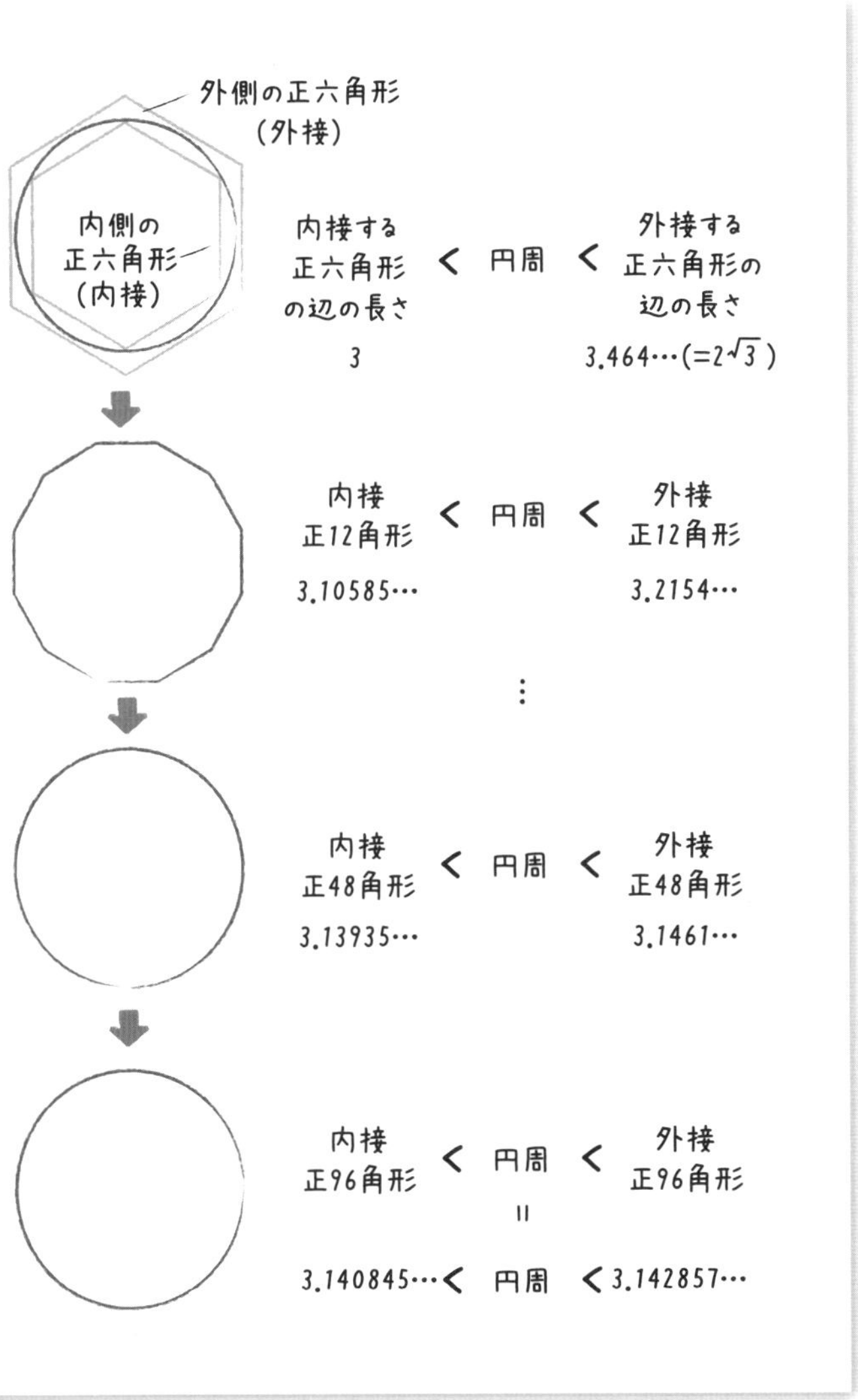

自転車で円周率！

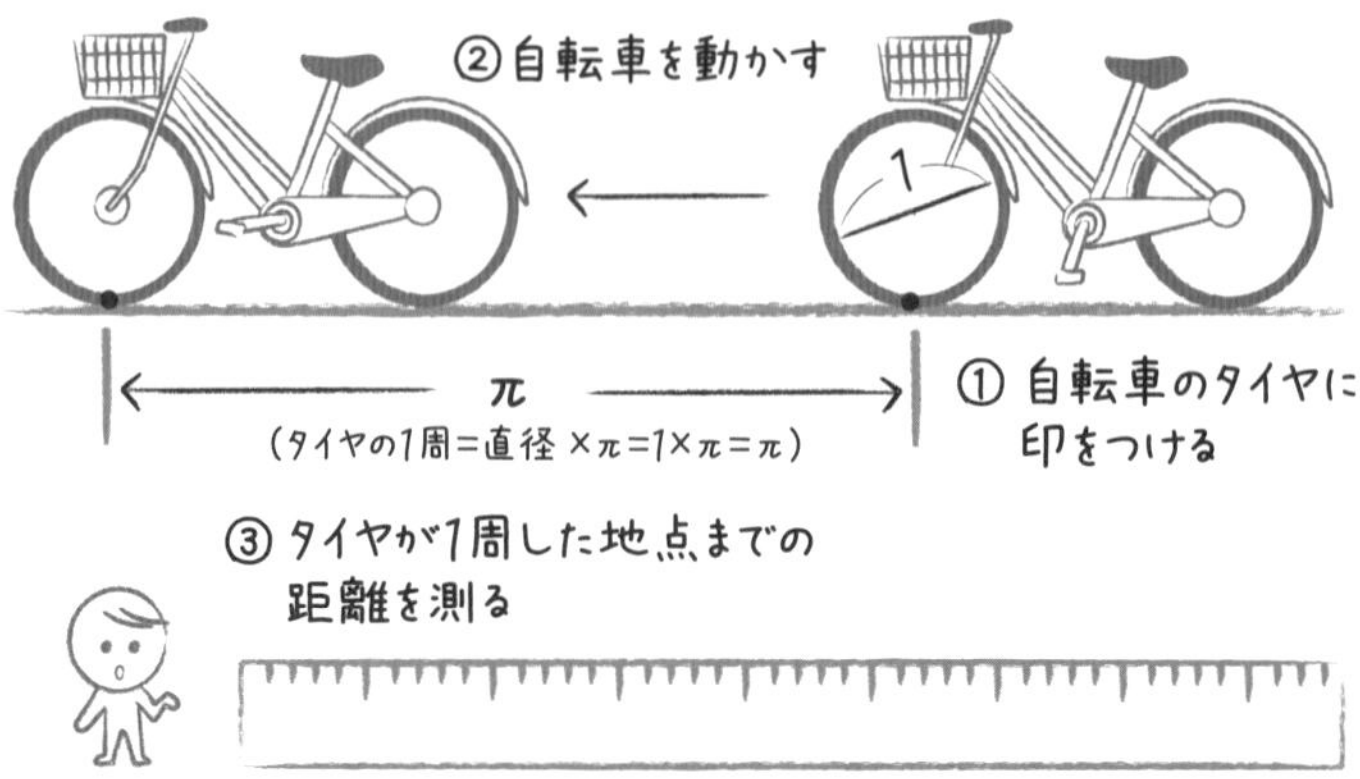
②自転車を動かす
1
π
(タイヤの1周＝直径×π＝1×π＝π)
①自転車のタイヤに印をつける
③タイヤが1周した地点までの距離を測る

形は円にどんどん近づいていくはず。

アルキメデスはこうして、

3.140845… ＜ 円周 ＜ 3.142857…

まで求めることで、円周率「3.14」を挟み撃ちで算出した。素晴らしいアイデアだが計算がとても大変なので、われわれは別のアイデアで円周率を求めてみることにしよう。

◆自転車で円周率を求める

身近なもので円周率を求める方法としては、タイヤの1点に印をつけた自転車を1周させて測るものがある。その「移動距離÷タイヤの直径」(円周÷直径)で円周率が求められる。これなら1人でも、ほぼ正確に測れるだろう。もちろん、計算ではなく計測によるものなので誤差は出るが、自分だけの円周率として誇れる値といえる。

茶筒で円周率！

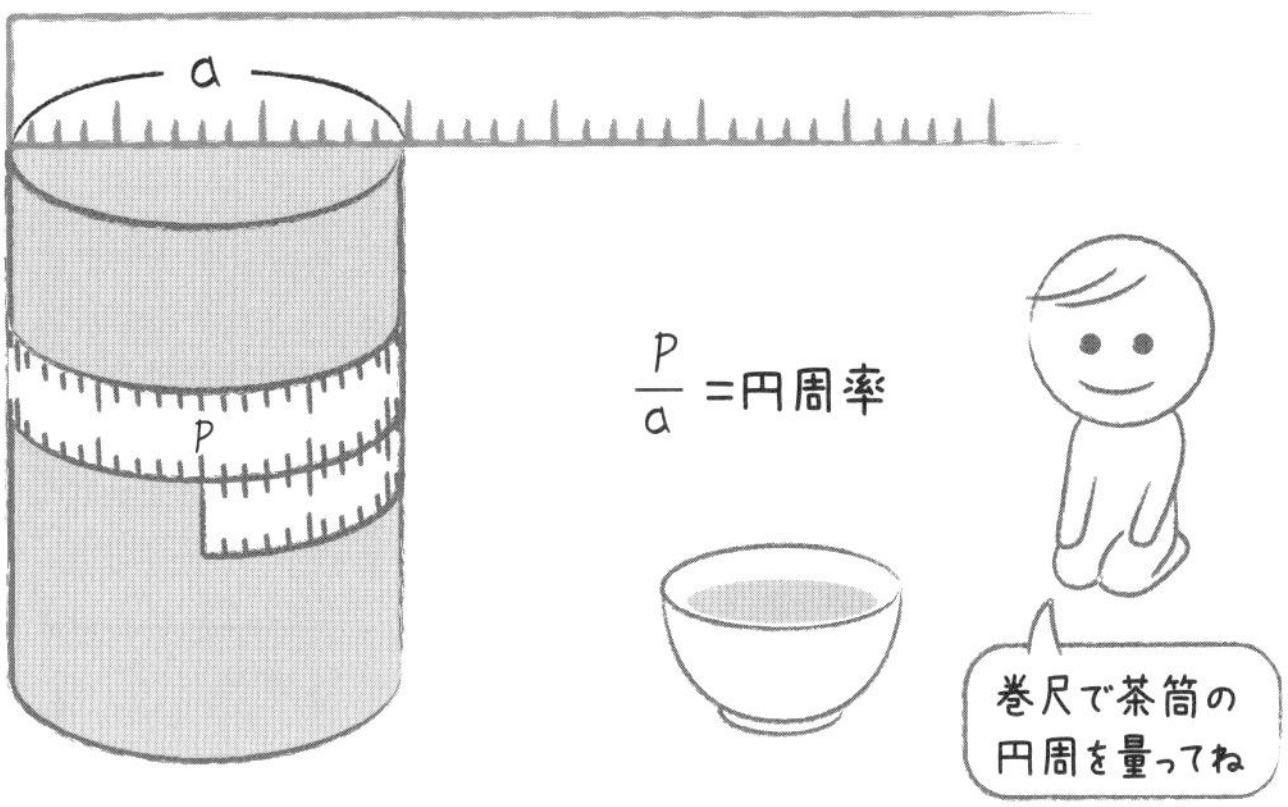

より正確に測るには、タイヤを1周ではなく10周くらいさせて移動距離を測ると、誤差は縮まるだろう。20周すれば、さらに誤差を小さくできるかもしれない。まっすぐ進むことに気をつけるだけのことで、アルキメデスの苦労に比べれば、ずっとラクだ。

同じようなものでは、茶筒の直径（a）と周囲の長さ（P）を測って周囲の長さ÷直径を計算する方法がある。これもラクに円周率に接近できる。茶筒であれば、外に出て自転車を動かす必要もない。円の形をしたものなら何でもいいので、直径を測りやすいものを選びたい。

02 円周率を方眼紙で求める

カケラは1マス＝0.5個でカウント

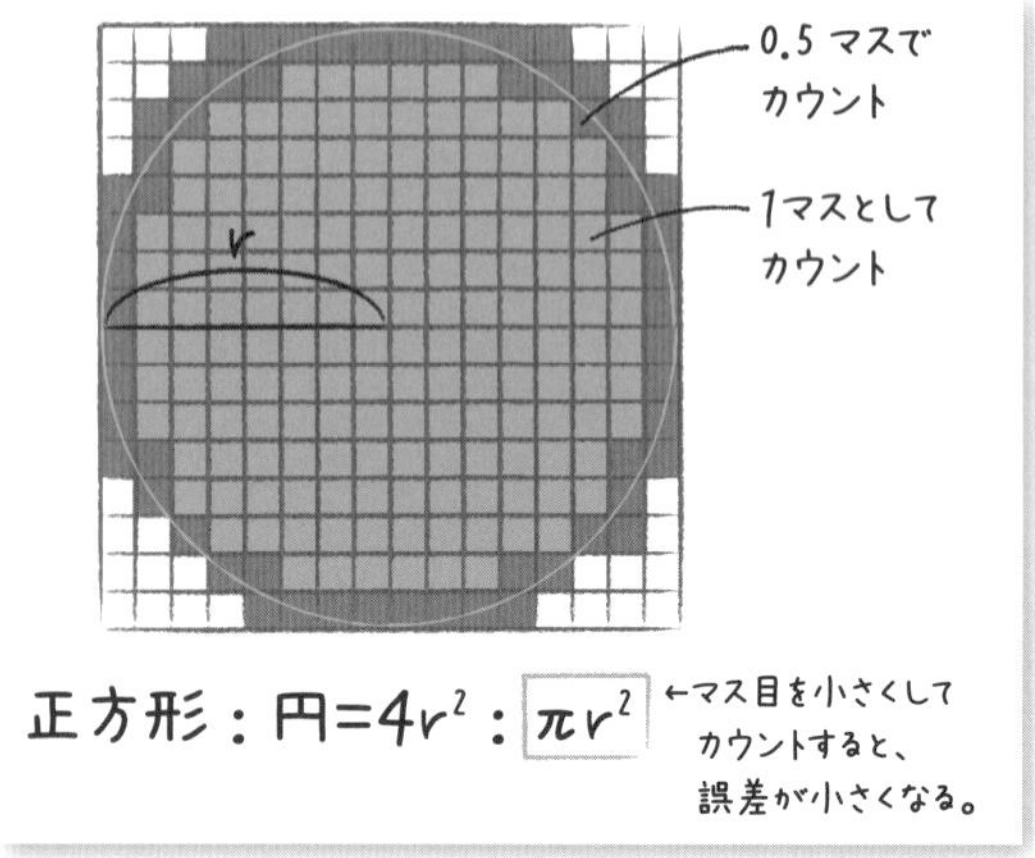
0.5マスでカウント
1マスとしてカウント
r
正方形：円=4r²：πr²
←マス目を小さくしてカウントすると、誤差が小さくなる。

◆方眼紙のマス目で接近する

前節とは別の円周率の測り方を紹介しよう。１枚の方眼紙を用意し、上図のようにコンパスで円を描く。

正方形の方眼紙の1辺を16マスとすると、全部で２５６マスになる。ここで、

①円を完全に含んでいるマス目部分

②円の一部だけを含んでいるマス目部分

を別々にカウントする。その結果、①を１６４マス、②を57マスと数えられたとする。②はマス目の大半を円が占めているものと、一部がかすった

程度のものが混在しているので、ならして1マスを0・5と考えよう。57マスあるとすると半分の28・5マスになり、①②を合わせて192・5マスとなる。

これで面積から円周率を求めることができる。

いま単純に正方形の1辺を2とすると（つまり円の半径は1になる）、正方形と円の面積とは、

正方形：円＝4：π

となる。ここで、正方形は256マスあるので、1マスあたりの面積は1／256だ。先ほどカウントしたのが192・5マスだから、面積に換算すると、

192.5マス÷256=0.75195…≒0.752

さて、これは「円の面積部分」を近似したものだから、

正方形：円＝4：π＝1：0.752

これでπを計算すると、

π＝4×0.7734＝3.008

ということで、それなりに近い数字を得られたといえるだろう。このマスを小さくしていけば、πの値に近づいていけそうだ。

03 ケーニヒスベルクの難問をシンプルに

◆オイラーの「置き換え発想」

現在、ケーニヒスベルクという都市を世界地図で探しても見つからない。かつては東プロシアの一部であり、カントを始め、数学者のゴールドバッハ、ヒルベルトなどが生まれ活躍した学問の地である。第２次世界大戦後はソ連領となり、カリーニングラードと改名された。現在はポーランドとバルト三国の間にあり、ロシアの飛地となっている。

１７３６年頃、数学者オイラーのもとにケーニヒスベルクに住む友人から１通の手紙が届いた。そこには次のようなことが書かれていた。

ケーニヒスベルクを流れるプレーゲル川には7つの橋が架かっており、この橋を1回ずつ重複することなく渡ろうとしてもできない。どうすればうまくいくか教えてほしい。

ケーニヒスベルクの7つの橋を「一筆書き」へ

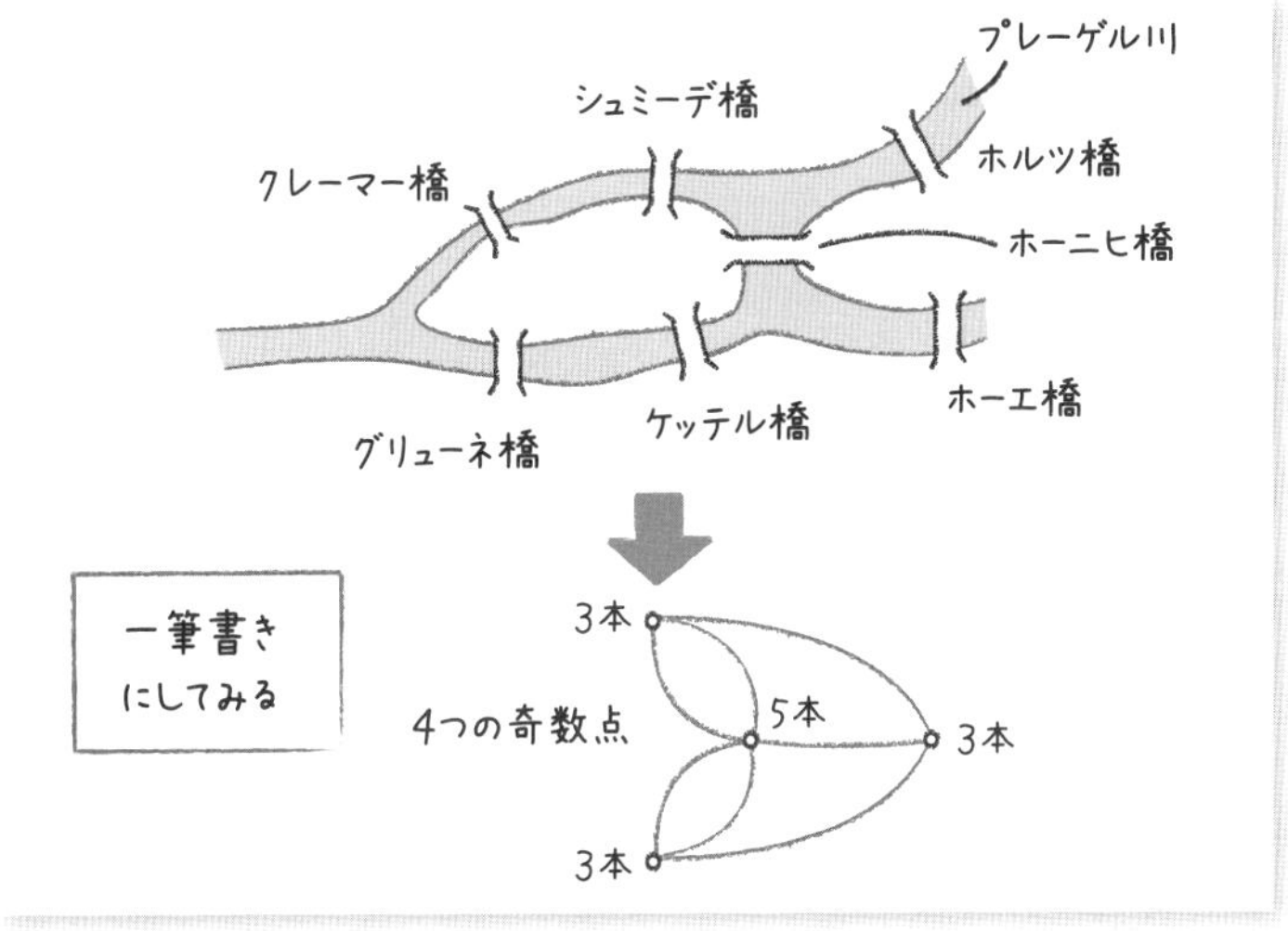

オイラーは、この問題を「ひと筆書き」と同じ問題だとすぐに理解した。ひと筆書きでは「出発点・終着点」以外の点はすべて「通過点」である。この通過点は「入れば、出て行く」ので、必ず偶数本の道となる（偶数点）。

それに対し、出発点と終着点は出て行ったまま道がそこに帰ってこないこともあり、奇数点になり得る。この2点以外に奇数点はないので、最大数は「2」となる。

ところが上図では奇数点が4個もある。オイラーはこの段階で「一筆書きは不可能＝重複することなく1度ずつ通るのは不可能」と看破した。

次ページの問題で、一筆書きに挑戦してみよう。すべてが可能とは限らない。

この絵は一筆書きができるか？

（解答は巻末に）

04 クモはハエを捕まえられるか？

ルートは1つではなかった！

いま、1辺4m×10mの長方形を底面とし、1辺4mの正方形を側面とする直方体の部屋がある。部屋の片側の正方形の壁面には、ハエが次ページの図の位置にいる。反対側の正方形の壁面には、クモが図の位置にいる。

さて、クモは最短ルートでハエを捕まえたい。どう動くのがよいか。クモがまっすぐ壁面を1／3m上り、そのまま天井伝いでハエのところへ降りると、ちょうど14mかかる（次ページ展開図①）。もう1つのルート（展開図②）を考えたが、これは14mよりもさらにかかることがわかった。クモがハエを捕まえるのに、もっと速く（最短で）行けるルートはないだろうか。ヒントは「展開図」をいろいろと考えることだ。

2つのルートとも、ハエに逃げられる——最短ルートは？

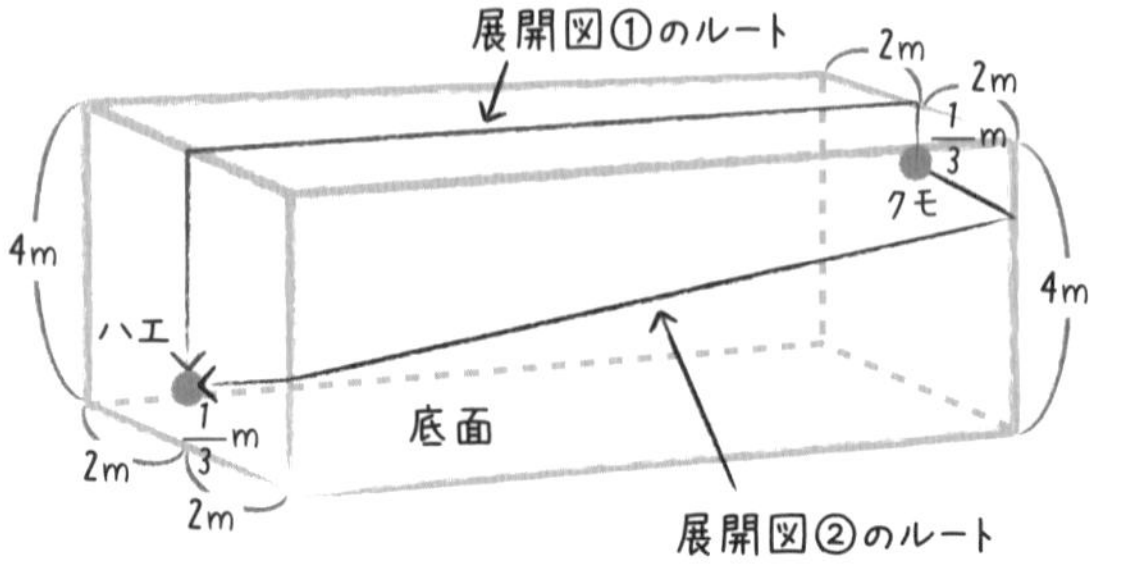

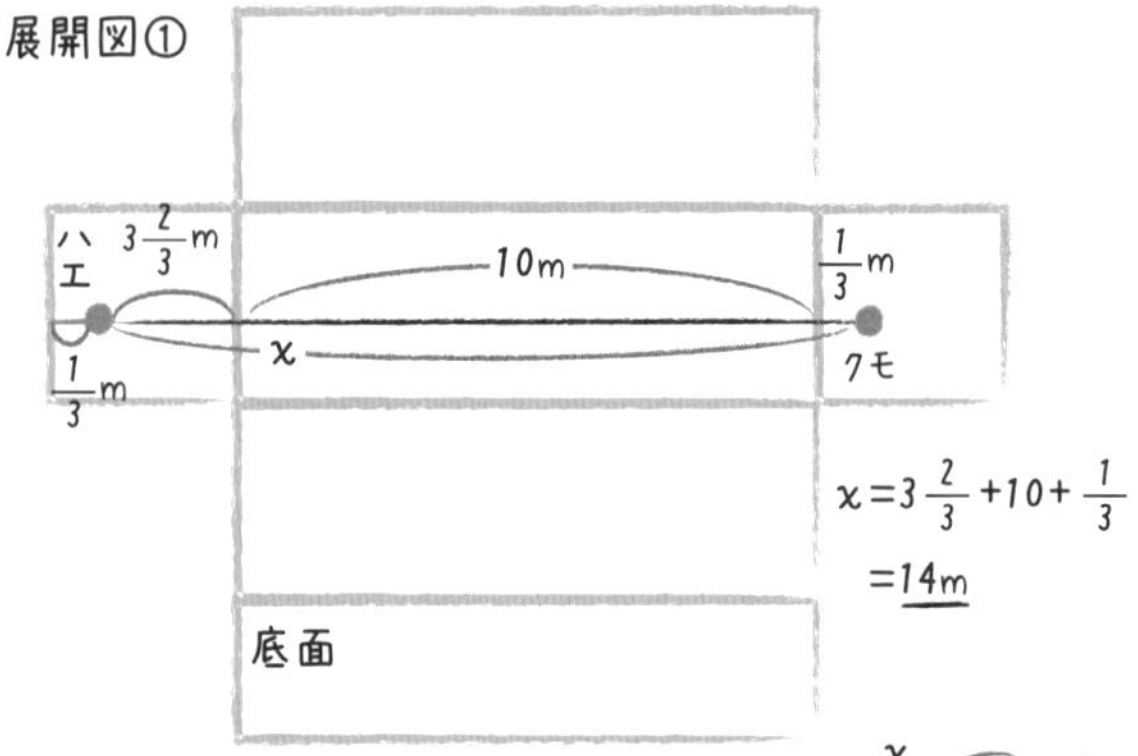

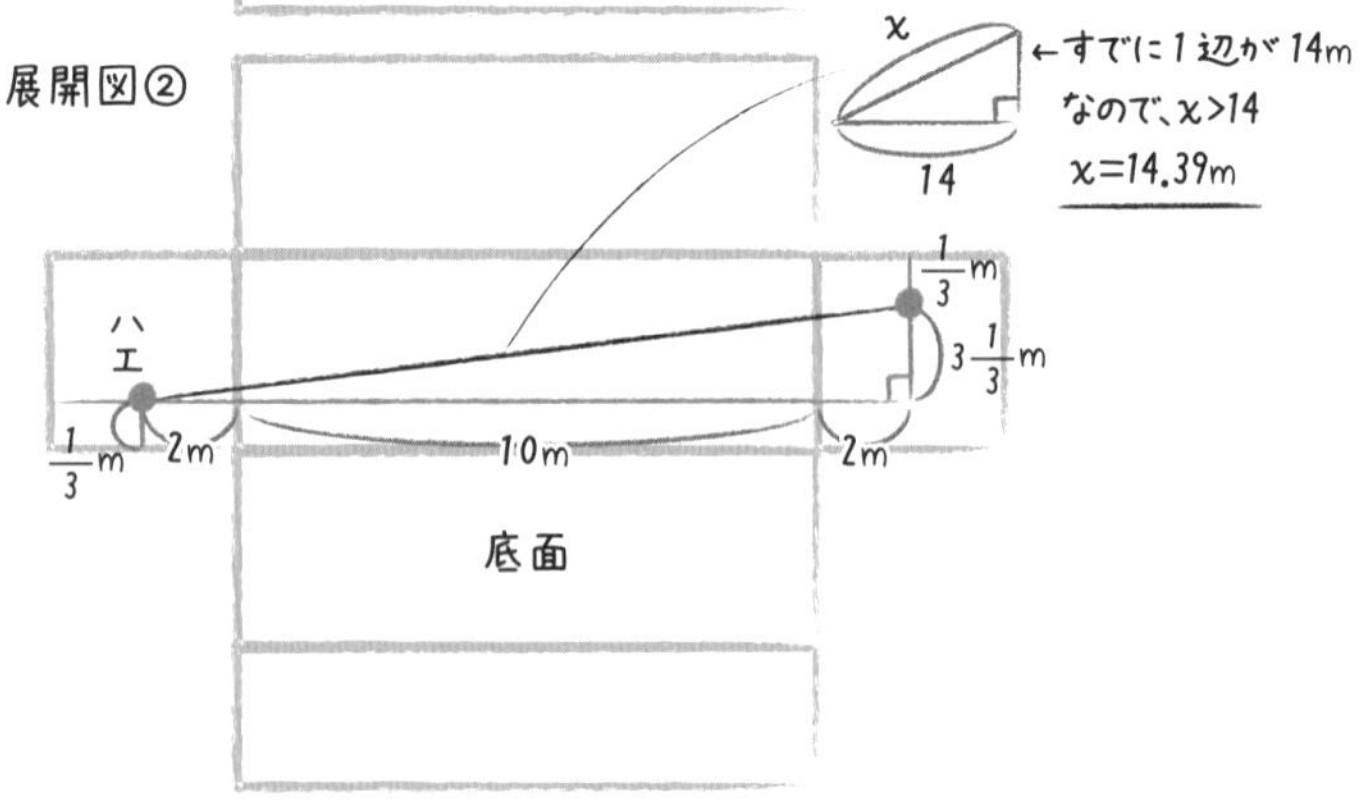

(解答は巻末に)

05 いくつケーキを買えばいいのか

問題

パーティーのため、A、B、Cの3種類のケーキを合わせて25個買って準備してある。A〜Cのケーキの各個数はわからない。お客は9人の予定で、最初に全員に同じケーキを出し、その後はバイキング形式で取ってもらう予定だったが、急にお客が2人増えることになったため、最初に全員に出す予定のケーキを追加することにした。さて、少なくとも何個買えばいいだろうか。

9人の予定が11人になったのでA〜Cのどれでもいいから、同じケーキが11個あれば問題はクリアだ。A〜Cのケーキの種類がわかっていながら、それぞれの個数がわかっていないというのは、かなりのあわてぶりだ。これが現実だったら箱を開けて個数を確認すればいい。25個もケーキがあるのだから追加購入しなくても11個くらいなら、足りているかもしれない。

同じケーキを11人に分けるには何個必要？

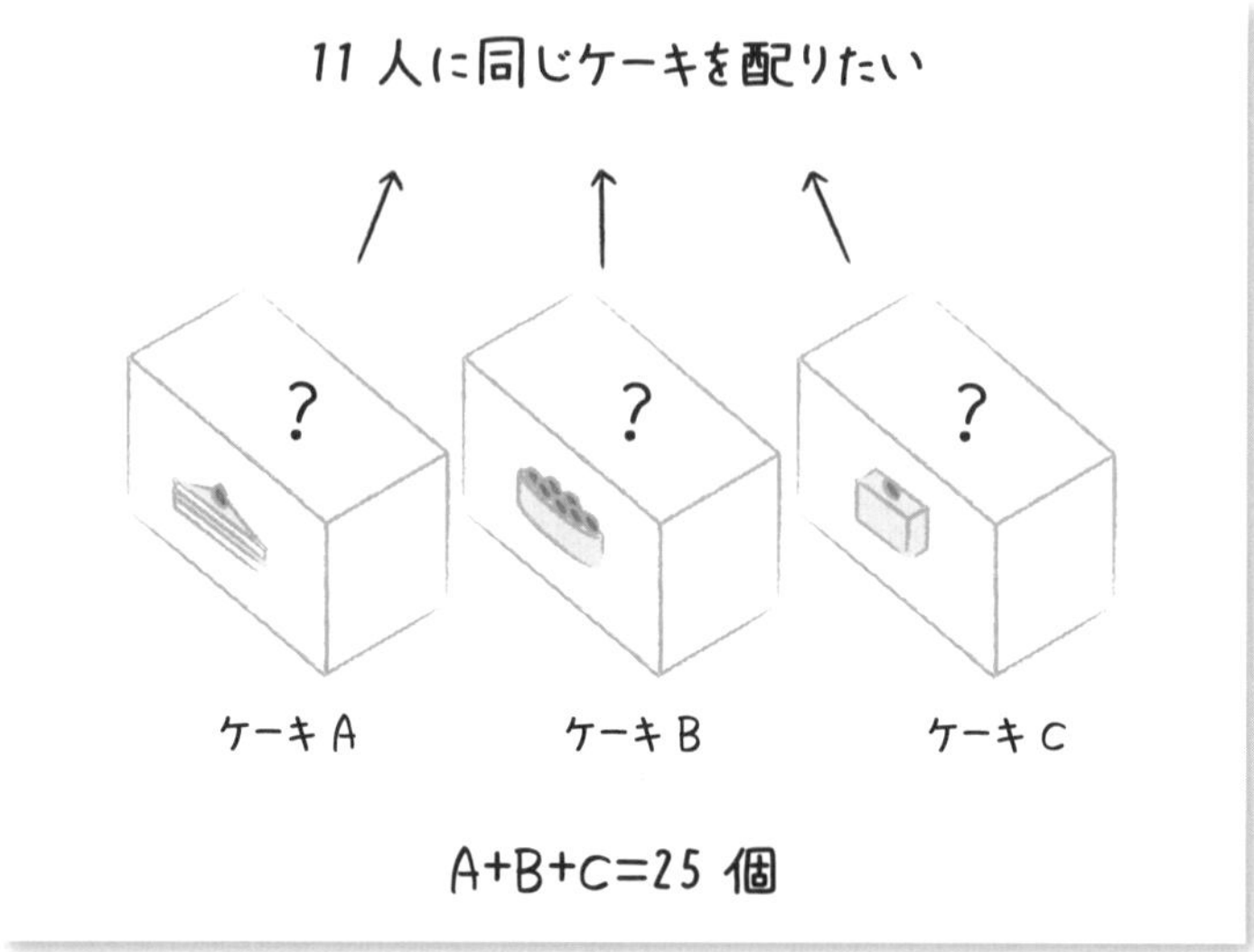

しかし、問題としてはそれを問うているわけではない。25個ということは、ケーキのどれか1種類は必ず9個以上あることになる。なぜなら、A～Cのどれも8個以下しかなかったらケーキの総数は、3×8=24で24個以下になるからである。

だから、適当でも25個買えば必然的にその中の1種類は9個以上となり、全員に最初に同じケーキを出せるということだったのだろう。

つまり、今度は11人に対して同じ論理で考えれば、全部で3×10+1=31で31個あればよいことになる。いま、25個だから、31−25=6で6個だけ追加すれば、必ずA～Cのどれかは、11個以上あることになる。

巻末解答

4つの4　133ページの解答

$$11=\frac{44}{\sqrt{4\times 4}}$$

$$12=4\times\left(4-\frac{4}{4}\right)=\frac{44+4}{4}$$

$$13=4+\frac{4-.4}{.4}$$

※ .4とは0.4のこと

$$14=4\times 4-\frac{4}{\sqrt{4}}=4\times(4-.4)-.4$$

$$15=4\times 4-\frac{4}{4}$$

$$16=4\times 4+4-4=4\times 4\times\frac{4}{4}$$

$$17=4\times 4+\frac{4}{4}$$

$$18=4\times 4+4-\sqrt{4}=\frac{44}{\sqrt{4}}-4$$

$$19=\frac{4+4-.4}{.4}$$

$$20=4\times\left(4+\frac{4}{4}\right)$$

覆面算 144ページの解答

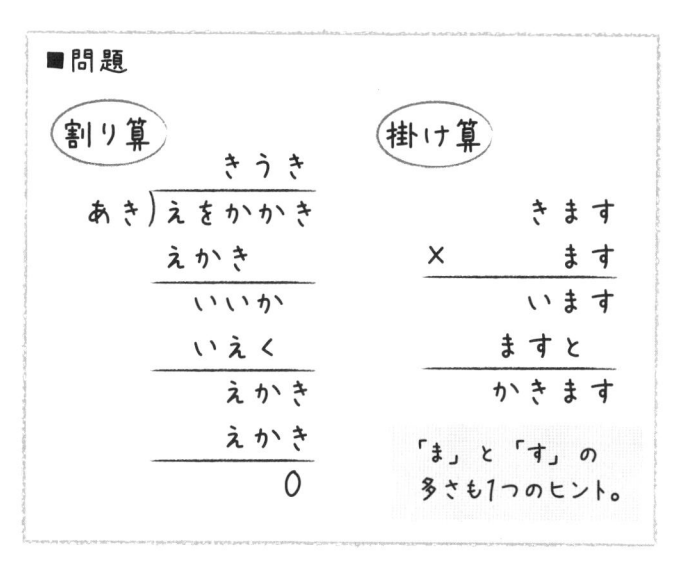

■問題

割り算

きうき
あき）えをかかき
えかき
いいか
いえく
えかき
えかき
0

掛け算

きます
× ます
います
ますと
かきます

「ま」と「す」の多さも1つのヒント。

■解答

565
35）19775
175
227
210
175
175
0

125
× 25
625
250
3125

逆ダイヤル数　145ページの解答

$$ABCD \times 4 = DCBA$$

上のダイヤル数は本文でも触れたように、

4ケタの数を4倍して同じく4ケタになるので、

$A=1$、または$A=2$。

「ABCD」を4倍した右辺は偶数となるから$A=2$。

$2BCD \times 4 = DCB2$だから、$D=8$か9。

$4 \times 8 = 32$と$4 \times 9 = 36$から、$D=8$となる。

こうして$2BC8 \times 4 = 8CB2$。

上2ケタから$2B \times 4 \leqq 8C$から$B=1$がわかる。

なぜならもし、$B \geqq 3$ならば$3 \times 4 = 12$で

繰り上がりがあって矛盾するため$B \leqq 2$とわかる。

すでに$A=2$なので$B=1$。

$21C8 \times 4 = 8C12$がわかり、後は$C=3$、5、6、7、9を

代入すれば$C=7$の時成り立つことがわかる。

このようにして解いていくと、

$ABCD = 2178$ となる。

$2178 \times 4 = 8712$

で、$ABCD \times 4 = DCBA$ を満たしている。

虫食い算 147 ページの解答

虫食い掛け算(1)

```
    □7          17
×   □□      ×   59
-------     -------
   □□□         153
   □5          85
-------     -------
  □□□□        1003
```

虫食い掛け算(2)

```
     □□□7            5467
×     □□□      ×      889
-----------    -----------
    □□203           49203
   □□□□6           43736
  □37□□           43736
-----------    -----------
  □□□□□□□         4860163
```

虫食い割り算(1)

```
        □□□               174
□□ ) □□□□6        59 ) 10266
      □□                59
     ------             ------
      □□□               436
      4□3               413
     ------             ------
       23□               236
       □□□               236
     ------             ------
          0                 0
```

虫食い割り算(2)

```
          □□8□□                90809
□□ ) □□□□□□□          12 ) 1089709
     □□□                      108
     -------                  -------
        □□                       97
        □□                       96
     -------                  -------
         □□□                     109
         □□□                     108
     -------                  -------
             1                      1
```

虫食い算の難問（7つの7）　149ページの解答

```
                  □□7□□
         ────────────
□□□□7□ ) □□7□□□□□□□
         □□□□□□
         ────────────
         □□□□□7□
         □□□□□□□
         ────────────
           □7□□□□
           □7□□□□
         ────────────
           □□□□□□□
           □□□□7□□
         ────────────
             □□□□□□
             □□□□□□
         ────────────
                  0
```

```
              58781
         ───────────
125473 ) 7375428413
         627365
         ───────────
         1101778
         1003784
         ───────────
          979944
          878311
         ───────────
          1016331
          1003784
         ───────────
            125473
            125473
         ───────────
                 0
```

虫食い覆面算の難問（ファインマン問題） 149ページの解答

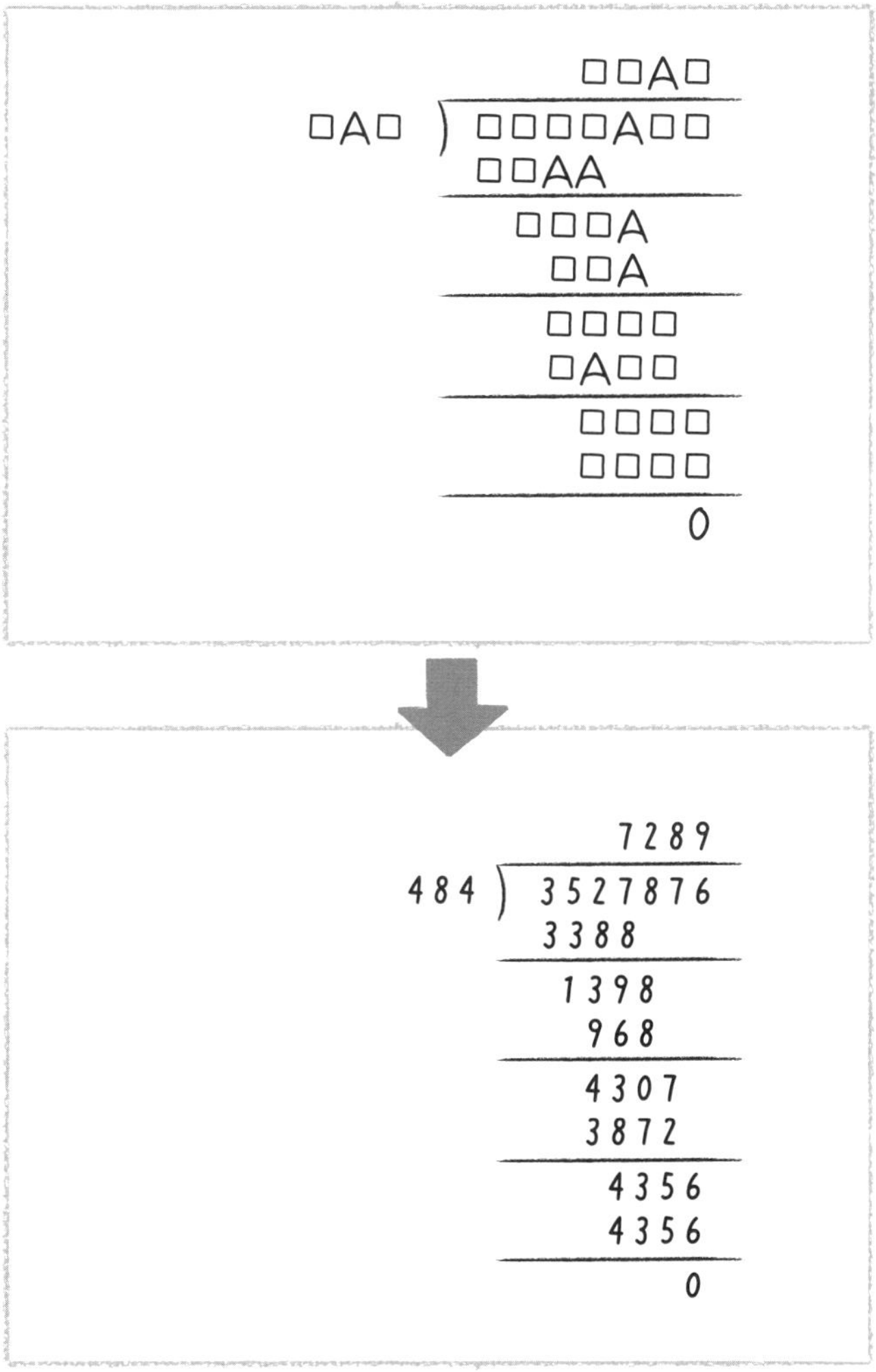

一筆書き　200ページの解答

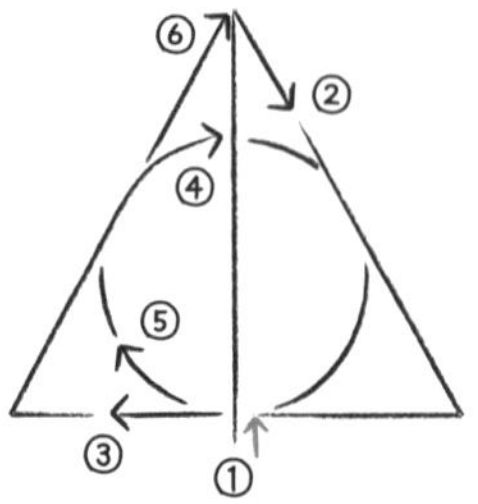

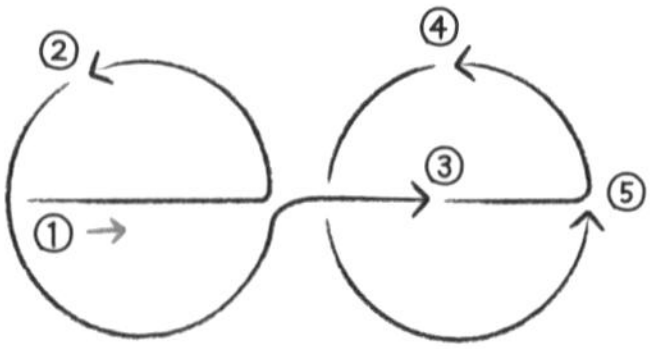

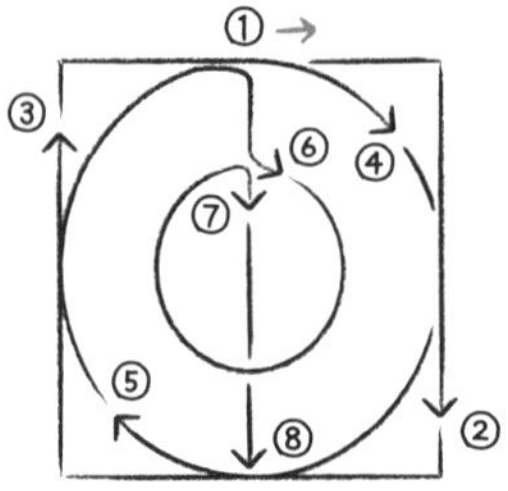

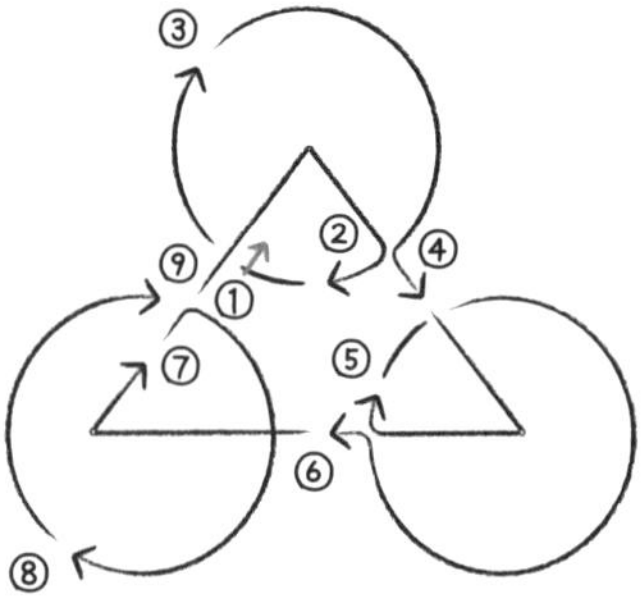

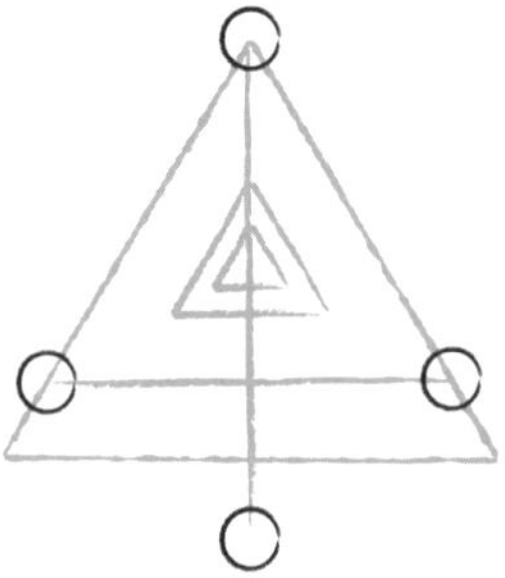

奇数点が4つなので
一筆書きは不可能

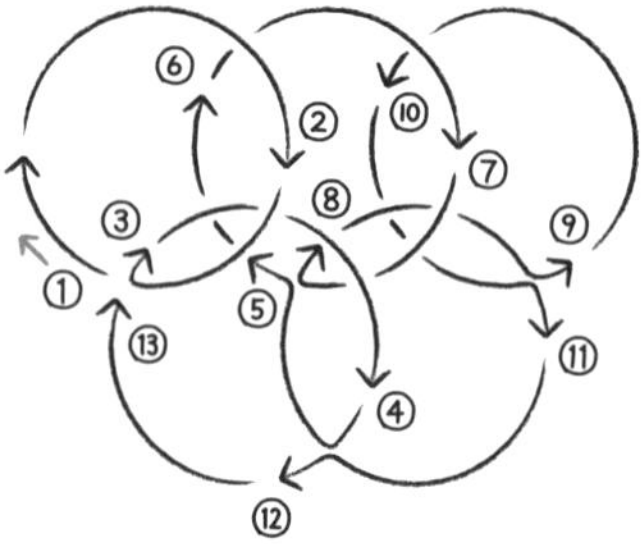

クモの最短ルート　202 ページの解答

展開図③

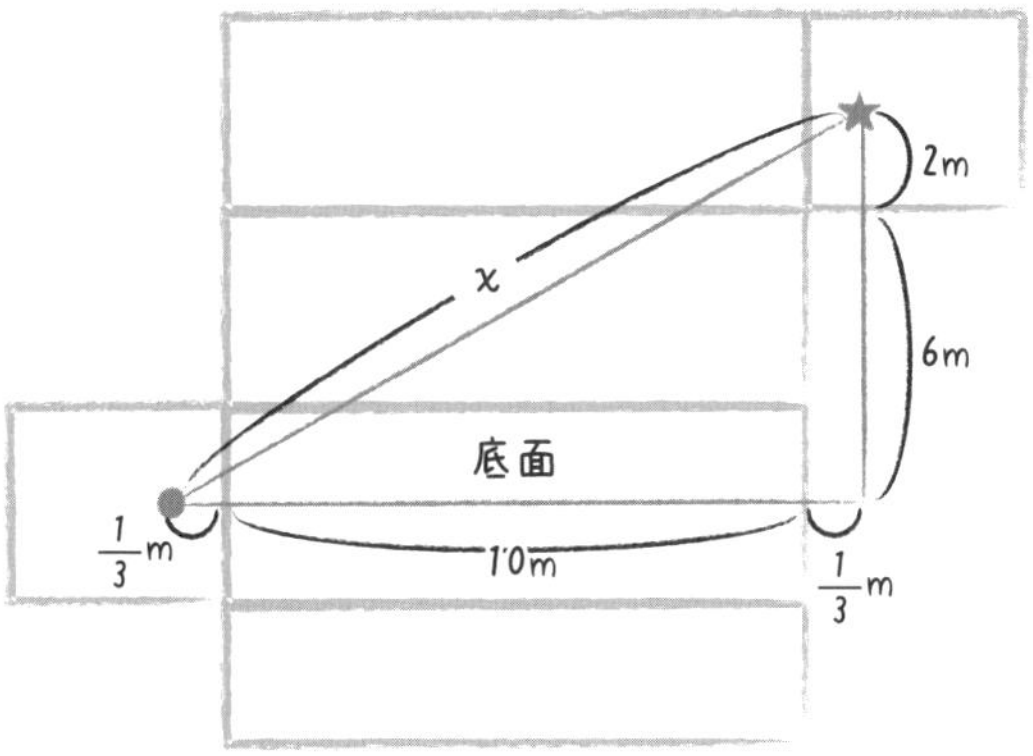

$$x^2=\left(10\frac{2}{3}\right)^2+8^2$$
$$=\frac{1024}{9}+64$$
$$=\frac{1600}{9}=\left(\frac{40}{3}\right)^2$$

よって、$x=\frac{40}{3}=13.333\cdots$

$\therefore x=13.333\text{m}$

蟹江幸博（かにえ　ゆきひろ）
1948年生まれ。1976年、京都大学大学院理学研究科博士課程修了。現在、三重大学教育学部名誉教授。専門はトポロジー、表現論、数理物理、数学教育。著書として『積分と微分のはなし』（日本評論社）、『文明開化の数学と物理』（岩波書店）、『微分の基礎』（技術評論社）などがある。
また、翻訳書も多く、『数学者列伝（1～3）』『数学名所案内（上・下）』『数理解析のパイオニアたち』『解析教程（上・下）』（丸善出版）、『黄金分割』（日本評論社）、『ヒルベルトの忘れられた問題』『メビウスの作った曲面』『ラマヌジャンの遺した関数』（岩波書店）などがある。
著者HP（kanielabo.org）

なぜか惹かれるふしぎな数学

2014年 3 月15日　初版第1刷発行
2016年 1 月15日　初版第2刷発行

著　者　蟹江幸博
発行者　小山隆之
発行所　株式会社 実務教育出版
〒163-8671　東京都新宿区新宿1-1-12
電話　03-3355-1812（編集）　03-3355-1951（販売）
振替　00160-0-78270

印刷／精興社　　製本／東京美術紙工

ISBN978-4-7889-1073-7　C0041